中国式现代化与乡村振兴系列丛书

总主编：魏礼群　主　编：张照新　朱立志

建设宜居宜业和美乡村

朱平国 ◈ 编著

U0253644

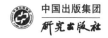

中国出版集团
研究出版社

图书在版编目 (CIP) 数据

建设宜居宜业和美乡村 / 朱平国编著. -- 北京：
研究出版社, 2024.1
ISBN 978-7-5199-1577-3

Ⅰ. ①建… Ⅱ. ①朱… Ⅲ. ①农村 – 居住环境 – 环境
综合整治 – 研究 – 中国 Ⅳ. ①X21

中国国家版本馆CIP数据核字(2023)第177497号

出 品 人：赵卜慧
出版统筹：丁　波
责任编辑：朱唯唯

建设宜居宜业和美乡村
JIANSHE YIJU YIYE HEMEI XIANGCUN
朱平国　编著
研究出版社 出版发行
（100006　北京市东城区灯市口大街100号华腾商务楼）
北京云浩印刷有限责任公司　新华书店经销
2024年1月第1版　2024年1月第1次印刷
开本：880毫米×1230毫米　1/32　印张：8.125
字数：181千字
ISBN 978-7-5199-1577-3　定价：39.80元
电话（010）64217619　64217612（发行部）

—序—

以习近平同志为核心的党中央高度重视"三农"工作。随着脱贫攻坚战的圆满收官，我国解决了绝对贫困问题，全面建成小康社会，实现了第一个百年奋斗目标，已迈入第二个百年奋斗目标的新征程。党的二十大报告提出，到本世纪中叶，全面建成社会主义现代化强国。而全面建设社会主义现代化国家，最艰巨最繁重的任务依然在农村。要坚持农业农村优先发展，坚持城乡融合发展，畅通城乡要素流动，加快建设农业强国，扎实推动乡村产业、人才、文化、生态、组织振兴。全面推进乡村振兴，是新时代新征程推进和拓展中国式现代化的重大任务。

2023 年是贯彻落实党的二十大精神的开局之年。中央 1 号文件强调，要抓好两个底线任务，扎实推进乡村发展、乡村建设、乡村治理等乡村振兴重点工作，建设宜居宜业和美乡村，为全面建设社会主义现代化国家开好局起好步打下坚实基础。

任务既定，重在落实。进入"十四五"以来，党中央、国务院围绕保障粮食安全、巩固拓展脱贫攻坚成果、防止规模性返贫和全面推进乡村振兴重点工作，出台了一系列政策文件和法律法规，"三农"发展方向、发展目标、重点任务更加明确，工作机制、工作体系、工作方法更加完善，为乡村振兴战略推进奠定了基础。但是，由于"三农"工作是一个系统工程，涉及乡村经济、社会各个领域、各个环节、各类主体，仍然可能面临不少理论和实践问题。例如，如何处理农民与土地的关系、新型农业经营主体与小农户的关系、粮食安全与农民增收的关系、乡村发展与乡村建设的关系等等。全面推动乡村振兴工作的落实落地，需要深入研究许多问题和困难挑战。

习近平总书记指出，问题是时代的声音，回答并指导解决问题是理论的根本任务。理论工作者要增强问题意识，聚焦实践遇到的新问题、改革发展稳定存在的深层次问题、人民群众急难愁盼问题、国际变局中的重大问题、党的建设面临的突出问题，不断提出有效解决问题的新理念新思路新办法。

我们欣喜地看到，近年来，有些"三农"领域的理论工作者已经开始站在实现中国式现代化的新高度，加快推进农业强国建设，开展相关的理论研究和实践探索工作，并形成了一批成果。本套丛书的出版，可以说就是一次有益的尝试。丛书全套分六册，其中：

《夯实粮食安全根基》，系统介绍了粮食安全相关的基础知识和保障粮食安全涉及的粮食生产、储备、流通、贸易等多方面政策，通俗易懂地解答了人们普遍关心的粮食安全领域热点难点民生问题。

《加快乡村产业振兴》，结合乡村产业发展涉及的产业布局优化、产业融合发展、绿色化品牌化发展、产业创新发展，分门别类地就热点问题进行了概念解读、理论分析和政策阐释，并结合部分先进地区的发展经验，提供了部分可资借鉴的发展模式和案例。

《构建现代农业经营体系》，在阐释相关理论和政策、明晰相关概念和定义的基础上，回答了现代农业经营体系建设相关工作思路的形成过程、支持鼓励和保障性政策的主要内容、各项政策推出的背景和意义、政策落实的关键措施、主要参与主体、发展模式等问题。

《推动农民农村共同富裕》，围绕农民就业增收、经营增效增收、就业权益保障、挖掘增收潜力等多个方面，详细介绍了促进农民收入增长的政策、路径和方法。

《促进农户合作共赢》，通过对农民专业合作社的设立、组织机构、财务管理、产品认证、生产经营、年度报告、扶持政策等内容进行全面的解读，为成立农民专业合作社过程中在经营管理、财务管理、政策扶持等方面有疑问的读者提供了参考建议。

《建设宜居宜业和美乡村》，在系统梳理宜居宜业和美乡村建设已有做法、经验的基础上，全面介绍了农村厕所革命、农村生活污水治理、农村生活垃圾治理、村容村貌提升、农业废弃物资源化利用、乡村治理等领域的基础知识、基本情况、政策要求、技术路径、方法要领和典型模式，以及发达国家的做法经验。

六册丛书以乡村发展为主，同时涵盖了乡村建设和乡村治理两个领域，具有重要参考价值和指导意义。各册内容总体上分章节形式，体现清晰的逻辑思路；在章节内采取一问一答形式，便于使用者精准找到自己想要的问题答案。部分书册节录了部分法律和政策文件，可供实际操作人员查阅参考。

在丛书的选题以及编写过程中，各位作者得到了研究出版社社长赵卜慧、责任编辑朱唯唯等的大力支持和帮助，在此一并致谢！同时，由于水平所限，书中难免存在问题和不足之处，请予以指正。

本套丛书付梓之际，应邀写了以上文字，是为序。

魏礼群

二〇二三年十月

|第一编| 基础知识

|第二编| 农村厕所革命

|第三编| 农村生活污水治理

|第四编| 农村生活垃圾治理

|第五编| 村容村貌提升

|第六编| 农业废弃物资源化利用

|第七编| 乡村治理

|第八编| 国外实践

第一编 | 壹

基础知识

● 什么是宜居宜业和美乡村？

2013 年中央一号文件提出建设美丽乡村，《中华人民共和国国民经济和社会发展第十四个五年规划和 2035 年远景目标纲要》专门部署建设美丽宜居乡村，党的二十大报告提出建设宜居宜业和美乡村，这些都充分反映了党和国家推动乡村振兴整治提升农村人居环境以及亿万农民对建设美丽家园、过上美好生活的愿景和期盼。

所谓宜居宜业和美乡村，是具有良好人居环境，能满足农民物质消费需求和精神生活追求，产业、人才、文化、生态、组织全面协调发展的农村，是美丽宜居乡村的"升级版"。

其中"和"更突出提升乡村文化内核及精神风貌，体现出和谐共生、和而不同、和睦相处，如加强和改进乡村治理等；"美"更侧重建设看得见、摸得着的现代化乡村，做到基本功能完备又保留乡味乡韵，如改善农村人居环境等。

● 建设宜居宜业和美乡村的基本要求是什么？

一是要具备基本现代生活条件。通过大力改善农村基础设施建设、建设优化乡村治理体系、丰富农民物质文化生活、开发乡村多元价值，让农民过上和城里人一样的幸福生活。

二是要为农民而建、让农民参与。要尊重农民意愿，建设成什么样，怎么建，让农民说了算，以满足农民的物质精神需求为出发点，同时，让农民积极参与规划设计、项目实施、后期管护等全过程，不断激发他们推动乡村发展的内生动力。

三是要突出乡味、体现乡韵。不能简单照搬城市做法，不能千村一面，要立足乡村地域特征，统筹规划，合理布局，保留传统乡土文化，赓续红色文化，传承农耕文明，体现民族特色，展现乡村独特魅力和时代风采。

四是要统筹推进、分区施策。加强顶层设计和统一规划，做到一张蓝图绘到底、一以贯之抓落实，统筹推进乡村产业、人才、文化、生态、组织振兴。同时，科学把握农业农村发展的差异性，因地制宜，分类指导、分区施策，扎实推进不同地区、不同发展阶段的宜居宜业和美乡村建设。

五是要循序渐进、提升质量。建设宜居宜业和美乡村是一个长期过程，不能急功冒进，要保持历史耐心，持之以恒、久久为功。同时，在建设过程中要坚持数量服从质量、进度服从实效，求好不求快，真正把好事办好实事办实。

◉ 建设宜居宜业和美乡村的主要任务包括哪些？

一是加强基础设施建设。重点是推进乡村水利、公路、电力、通信、物流等基础设施和教育、养老、体育、文化等公共服务场所建设，稳步提高农村住房建设质量，统筹考虑生态环境设施、清洁能源设施、数字乡村设施等领域建设内容，健全乡村公共基础设施管护机制，形成系统、完善、现代化的乡村公共基础设施体系。

二是健全乡村产业体系。做大做强种养业，提高粮食和重要农产品供给保障水平。发展乡村二三产业，延长产业链、提升价值链，推动乡村一二三产业融合发展。发挥各类产业园区带动作用，科学布局生产、加工、销售、消费等环节，把产业增值环节更多留在农村、增值收益更多留给农民。引导工商资本发挥自身优势，形成与农户产业链上优势互补、分工合作的格局，带动农民致富增收。

三是强化乡村公共服务。聚焦文化、教育、医疗、养老、就业、社会保障等基础性、兜底性、普惠性公共服务事项，统筹布局、加大投入、夯实基础、补齐短板，探索符合乡村实际、满足农民需要的现代化公共服务保障机制，持续推进城乡基本公共服务均等化，不断提升农村基本公共服务水平。

四是改善农村人居环境。以农村厕所革命、农村生活污水垃圾治理、村容村貌提升为重点，分区域、分步骤、分阶段推进农村人居环境整治提升。持续开展村庄清洁行动，推进乡村绿化美化，改善村庄公共环境，推广绿色生产生活方式，保留乡风乡韵、乡景乡味，留得住青山绿水、记得住乡愁。

五是推进乡村有效治理。健全农村基层党组织领导的自治、法治、德治相结合的乡村治理体系。完善党委领导、政府负责、社会协同、公众参与、法治保障的现代乡村治理体制。探索创新积分制、清单制、数字化、村民理事会等有效治理方式和载体。加强农村精神文明建设，深入开展乡村基层思想政治教育和法治教育，发挥村规民约导向作用，持续推进农村移风易俗，广泛开展文明评选表彰活动，加强乡村文化建设，丰富群众精神文化生活。

● 什么是农村人居环境？

农村人居环境一般是指以乡村居民聚集点为中心，能够满足乡村居民生产生活的自然与社会、物质与非物质环境构成的有机生态系统。农村人居环境是乡村居民赖以生存的空间区域，是乡村居民对自然进行改造的空间和场所。主要包括自然系统、人类、社会、居住系统、支持系统等五大要素，其中支持系统是当前农村人居环境整治的重点，包括村庄道路建设、污水垃圾处理、村容村貌提升等。

◉ 为什么要开展农村人居环境整治？

当前，我国农村人居环境整体改善、持续向好，但是在一些地方和局部，脏乱差问题仍然比较突出，垃圾围村、饮用水污染、黑臭水体四溢、农业废弃物乱堆乱放等现象，与人民对美好生活的向往形成巨大反差。据调查，2018 年我国农村地区生活垃圾产生量约 1.8 亿吨，但是实行生活垃圾处理的行政村仅占 37.1%，一些地方的农村人居环境陷入"垃圾靠风刮、污水靠蒸发"的尴尬境地。随着农村居民收入水平不断增加，良好的人居环境和洁净的饮用水、安全的食品等逐渐成为农村居民日益增长的美好生活需要的重要内容，在全面推进乡村振兴进程中，解决农村人居环境突出问题已成为社会各方面关注的热点、焦点和难点，因此，开展农村人居环境整治，是破解新时代社会主要矛盾的有效途径，是全面推进乡村振兴的现实需要，也是建设宜居宜业和美乡村的重要内容。

◉ 农村人居环境整治的总体要求是什么？

坚持以人民为中心的发展思想，践行绿水青山就是金山银山的理念，深入学习推广浙江"千村示范、万村整治"工程经验，以农村厕所革命、生活污水垃圾治理、村容村貌提升为重点，巩固拓展农村人居环境整治三年行动成果，全面提升农村人居环境质量，为全面推进乡村振兴、加快农业农村现代化、建设美丽中国提供有力支撑。

◉ 农村人居环境整治的具体目标是什么？

到 2025 年，农村人居环境显著改善，生态宜居美丽乡村建设取得新进步。农村卫生厕所普及率稳步提高，厕所粪污基本得到有效处理；农村生活污水治理率不断提升，乱倒乱排得到管控；农村生活垃圾无害化处理水平明显提升，有条件的村庄实现生活垃圾分类、源头减量；农村人居环境治理水平显著提升，长效管护机制基本建立。

东部地区、中西部城市近郊区等有基础、有条件的地区，全面提升农村人居环境基础设施建设水平，农村卫生厕所基本普及，农村生活污水治理率明显提升，农村生活垃圾基本实现无害化处理并推动分类处理试点示范，长效管护机制全面建立。

中西部有较好基础、基本具备条件的地区，农村人居环境基础设施持续完善，农村户用厕所愿改尽改，农村生活污水治理率有效提升，农村生活垃圾收运处置体系基本实现全覆盖，长效管护机制基本建立。

地处偏远、经济欠发达的地区，农村人居环境基础设施明显改善，农村卫生厕所普及率逐步提高，农村生活污水垃圾治理水平有新提升，村容村貌持续改善。

◉ 推进农村厕所革命的主要内容是什么？

一是逐步普及农村卫生厕所。新改户用厕所基本入院，有条件的地区要积极推动厕所入室，新建农房应配套设计建设卫生厕所及粪污处理设施设备。重点推动中西部地区农村户厕改造。合理规划布局农村公共厕所，加快建设乡村景区旅游厕所。二是切实提高改厕质量。科学选择改厕技术模式，宜水则水、宜旱则旱。严格执行标准，把标准贯穿于农村改厕全过程。在水冲式厕所改造中积极推广节水型、少水型水冲设施。加快研发干旱和寒冷地区卫生厕所适用技术和产品。把好农村改厕产品采购质量关，强化施工质量监管。三是加强厕所粪污无害化处理与资源化利用。因地制宜推进厕所粪污分散处理、集中处理与纳入污水管网统一处理，鼓励联户、联村、村镇一体处理。鼓励有条件的地区积极推动卫生厕所改造与生活污水治理一体化建设。积极推进农村厕所粪污资源化利用，逐步推动厕所粪污就地就农消纳、综合利用。

● 开展农村生活污水治理的主要内容是什么？

一是分区分类推进治理。优先治理京津冀、长江经济带、粤港澳大湾区、黄河流域及水质需改善控制单元等区域，重点整治水源保护区和城乡接合部、乡镇政府驻地、中心村、旅游风景区等人口居住集中区域农村生活污水。开展平原、山地、丘陵和生态环境敏感等典型地区农村生活污水治理试点，选择符合农村实际的生活污水治理技术，鼓励居住分散地区探索采用人工湿地、土壤渗滤等生态处理技术，积极推进农村生活污水资源化利用。二是加强农村黑臭水体治理。以房前屋后河塘沟渠和群众反映强烈的黑臭水体为重点，采取控源截污、清淤疏浚、生态修复、水体净化等措施综合治理，基本消除较大面积黑臭水体。鼓励河长制湖长制体系向村级延伸，建立健全促进水质改善的长效运行维护机制。

◉ 开展农村生活垃圾治理的主要内容是什么？

一是健全生活垃圾收运处置体系。统筹县乡村三级设施建设和服务，完善农村生活垃圾收集、转运、处置设施和模式，因地制宜采用小型化、分散化的无害化处理方式，降低收集、转运、处置设施建设和运行成本，构建稳定运行的长效机制。二是推进农村生活垃圾分类减量与利用。积极探索符合农村特点和农民习惯、简便易行的分类处理模式，减少垃圾出村处理量，有条件的地区基本实现农村可回收垃圾资源化利用、易腐烂垃圾和煤渣灰土就地就近消纳、有毒有害垃圾单独收集贮存和处置、其他垃圾无害化处理。协同推进农村有机生活垃圾、厕所粪污、农业生产有机废弃物资源化处理利用，以乡镇或行政村为单位建设一批区域农村有机废弃物综合处置利用设施，探索就地就近就农处理和资源化利用的路径。协同推进废旧农膜、农药肥料包装废弃物回收处理。积极探索农村建筑垃圾等就地就近消纳方式，鼓励用于村内道路、入户路、景观等建设。

◉ 推动村容村貌整体提升的主要内容是什么？

一是改善村庄公共环境。全面清理私搭乱建、乱堆乱放，整治残垣断壁。科学管控农村生产生活用火，加强农村电力线、通信线、广播电视线"三线"维护梳理。合理布局应急避难场所和防汛、消防等救灾设施设备。整治农村户外广告。引导有条件的地方开展农村无障碍环境建设。二是推进乡村绿化美化。突出保护乡村山体田园、河湖湿地、原生植被、古树名木等，因地制宜开展荒山荒地荒滩绿化，加强农田（牧场）防护林建设和修复。引导鼓励村民通过栽植果蔬、花木等开展庭院绿化，通过农村"四旁"（水旁、路旁、村旁、宅旁）植树推进村庄绿化，充分利用荒地、废弃地、边角地等开展村庄小微公园和公共绿地建设。三是加强乡村风貌引导。大力推进村庄整治和庭院整治，优化村庄生产生活生态空间，促进村庄形态与自然环境、传统文化相得益彰。加强村庄风貌引导，突出乡土特色和地域特点，不搞千村一面，不搞大拆大建。弘扬优秀农耕文化，加强传统村落和历史文化名村名镇保护。

◉　什么是村庄清洁行动？

村庄清洁行动是以"三清一改"（清理农村生活垃圾、清理村内塘沟、清理畜禽养殖粪污等农业生产废弃物，改变影响农村人居环境的不良习惯）为主要内容而实施的农村人居环境整治具体行动。主要目的是突出清理死角盲区，由"清脏"向"治乱"拓展，由村庄面上清洁向屋内庭院、村庄周边拓展，引导农民逐步养成良好卫生习惯。同时，结合风俗习惯、重要节日等组织村民清洁村庄环境，通过"门前三包"等制度明确村民责任，推动村庄清洁行动制度化、常态化、长效化。

◉　如何发挥农村基层组织在农村人居环境整治中的作用？

农村基层组织是农村人居环境整治的组织者、引领者和参与者，农村基层组织作用发挥得如何，直接关系到农村人居环境整治的进程、质量和成效。充分发挥农村基层党群组织的示范引领和模范带头作用，组织动员村民自觉改善农村人居环境。健全党组织领导的村民自治机制，村级重大事项决策实行"四议两公开"，充分运用"一事一议"筹资筹劳等制度，引导村集体经济组织、农民合作社、村民等全程参与农村人居环境相关规划、建设、运营和管理。支持有条件的农民合作社通过政府购买服务等方式，参与改善农村人居环境项目。引导农民或农民合作组织依法成立各类农村环保组织或企业，吸纳农民承接本地农村人居环境改善和后续管护工作。以乡情乡愁为纽带吸引个人、企业、社会组织等，通过捐资捐物、结对帮扶等形式支持改善农村人居环境。

● 农村人居环境整治如何发挥村规民约作用？

鼓励各地将村庄环境卫生等要求纳入村规民约，对破坏人居环境行为加强批评教育和约束管理，引导农民自我管理、自我教育、自我服务、自我监督。倡导各地制定公共场所文明公约、社区噪声控制规约。深入开展美丽庭院评选、环境卫生红黑榜、积分兑换等活动，提高村民维护村庄环境卫生的主人翁意识。

● 农村人居环境整治归哪个部门管理？

在 2018 年党和国家机构改革中，将农村人居环境整治工作的牵头职能转移到新组建的农业农村部。在农业农村部内设农村社会事业促进司，赋予牵头组织改善农村人居环境、统筹指导村庄整治、村容村貌提升等职能。根据《农村人居环境整治工作分工方案》规定，农村人居环境整治工作由中央农办、农业农村部牵头，会同国家发改委、科技部、财政部、自然资源部、生态环境部、住房和城乡建设部、交通运输部、水利部、文化和旅游部、国家卫生健康委等 14 个部委共同推进。其中，农村改厕工作由农业农村部和国家卫生健康委主抓。

◉ 为什么要学习农村人居环境整治的浙江经验?

改善农村人居环境,是以习近平同志为核心的党中央从战略和全局高度作出的重大决策。早在 2003 年,时任浙江省委书记的习近平同志亲自调研、亲自部署、亲自推动,启动实施"千村示范、万村整治"工程(以下简称"千万工程"),浙江省委、省政府始终践行"绿水青山就是金山银山"重要理念,一以贯之推动实施"千万工程",2018 年,浙江全省实现了农村生活垃圾集中处理建制村全覆盖,卫生厕所覆盖率达 98.6%,规划保留农村生活污水治理覆盖率达 100%,畜禽粪污综合利用、无害化处理率达 97%,做到了村庄净化、绿化、亮化、美化,造就了万千生态宜居美丽乡村,为全国农村人居环境整治树立了标杆。"千万工程"被当地农民群众誉为"继实行家庭联产承包责任制后,党和政府为农民办的最受欢迎、最为受益的一件实事",并于 2018 年 9 月获联合国"地球卫士奖"。

2018 年 3 月,中共中央办公厅、国务院办公厅转发《中央农办、农业农村部、国家发展改革委关于深入学习浙江"千村示范、万村整治"工程经验扎实推进农村人居环境整治工作的报告》,系统总结了浙江"千万工程"7 个方面的经验,即:始终坚持以绿色发展理念引领农村人居环境综合治理;始终坚持高位推动,党政"一把手"亲自抓;始终坚持因地制宜,分类指导;始终坚持有序改善民生福祉,先易后难;始终坚持系统治理,久久为功;始终坚持真金白银投入,强化要素保障;始终坚持强化政府引导作用,调动农民主体和市场主体力量。要求各地区各部门学好学透、用好用活浙江经验,扎实推动农村人居环境整治工作早部署、早行动、早见效。

◉ 我国农村人居环境整治取得哪些成效？

农村厕所革命方面，截至 2020 年底，全国农村卫生厕所普及率达 68%，每年提高约 5 个百分点。2018 年以来累计改造农村户厕4000 多万户，其中，东部地区、中西部城市近郊区等有基础、有条件的地区实现无害化处理的农村卫生厕所普及率超过 90%；中西部有较好基础、基本具备条件的地区农村卫生厕所普及率超过 85%；地处偏远、经济欠发达等地区开展卓有成效的试点示范。农村地区缺少卫生厕所状况有所缓解，有关疾病发生、流行得到一定控制。

农村生活垃圾治理方面，截至 2020 年底，农村生活垃圾进行收运处理的行政村比例超过 90%，全国排查出的 2.4 万个非正规垃圾堆放点整治基本完成。"村收集、镇转运、县处理"模式覆盖大多数村庄，村庄保洁制度基本建立，全国村庄保洁员近 300 万名，平均每个自然村 1 名。在 141 个县（市、区）开展了农村生活垃圾分类和资源化利用示范，示范县 50% 以上的自然村开展了垃圾分类。

农村生活污水治理方面，截至 2020 年底，农村生活污水乱排乱放现象基本得到有效管控。31 个省（区、市）制定了农村生活污水处理设施水污染物排放标准，29 个省份完成县域规划编制，120 个县（市、区）开展了农村生活污水治理示范，农村黑臭水体排查识别基本完成，河北、江西、湖南等 10 个省（区）的 34 个县（市、区）开展了农村生活污水（黑臭水体）综合治理试点示范。

村容村貌整治方面，截至 2020 年底，全国 95% 以上的村庄开展了清洁行动，村容村貌明显改善。全国具备条件的乡镇、建制村通硬化路、通客车达 100%。农村集中供水率达 88%，农村自来水普及率达 83%。农村电网供电可靠率达 99.8%。行政村通光纤和

4G 网络比例超过 98%。通过"四旁"植树、村屯绿化、庭院美化等农村增绿行动，乡村绿化率显著提升。

◉ 创建美丽宜居村庄有什么要求?

2022 年 10 月，农业农村部、住房和城乡建设部印发《关于开展美丽宜居村庄创建示范工作的通知》，决定"十四五"期间创建示范美丽宜居村庄 1500 个左右，打造不同类型、不同特点的宜居宜业和美乡村示范样板。美丽宜居村庄以行政村为单位，通过创建示范达到环境优美、生活宜居、治理有效的要求。

在环境优美方面，要求村庄布局合理，村庄建设顺应地形地貌，彰显乡土特征和地域特色。山水林田湖草等自然资源得到有效保护和修复，不挖山填湖、不破坏水系、不砍老树。村域内农田、牧场、林场、鱼塘等田园景观优美。工业污染物、农业面源污染得到有效控制，农业生产废弃物基本实现资源化利用。推广使用清洁能源。村庄干净整洁有序。

在生活宜居方面，要求开展农村危房改造和农房抗震加固，村内无危房。推广"功能现代、成本经济、结构安全、绿色环保、与乡村环境相协调"的现代宜居农房建设。村庄街巷、公共空间等保持传统乡村形态，尺度宜人，古树名木、石阶铺地、井泉沟渠等乡村景观保护良好，街巷院落干净整洁。积极采用乡土树种、果蔬对公共空间、房前屋后进行绿化美化。基础设施完善，长效管护措施到位。村庄道路硬化亮化，供水安全清洁，供电稳定，通信网络畅通，消防和防灾减灾设施齐全。基本普及卫生厕所，农村生活垃圾收运处置体系和生活污水治理设施完善。农村教育、医疗、养老、文化、体育、应急救援等基本公共服务体系健全。设置寄递物流和电商服务网点、益农信息社等服务平台满足村民需求。

在治理有效方面，要求村级党组织领导有力，村民自治制度健全，村民议事协商形式务实有效。村集体经济可持续发展，村民人均可支配收入达到所在省份平均水平。充分挖掘和保护村庄物质和非物质文化遗存。保护利用文物古迹、传统村落、民族村寨、传统建筑、农业文化遗产、灌溉工程遗产。培育乡村建设工匠、乡村"明白人""带头人"。社会主义核心价值观融入村民日常生活，村规民约务实管用，乡风民风淳朴、邻里和谐，推进移风易俗。

◉ 中央财政对农村人居环境整治有什么支持？

（1）财政部、农业农村部组织开展农村厕所革命整村推进财政奖补工作。从2019年起用5年左右时间，以奖补方式支持和引导各地推动有条件的农村普及卫生厕所，实现厕所粪污基本得到处理和资源化利用，当年中央财政投入70亿元，惠及超过1000万农户。

（2）农业农村部会同国家发改委启动农村人居环境整治整县推进工程。2019年在中央预算内投资中增设专项，安排30亿元支持中西部省份开展农村生活垃圾、生活污水、厕所粪污治理和村容村貌提升等基础设施建设，当年遴选141个县，每个县支持规模2000多万元。

（3）农业农村部、财政部启动督查奖励政策。2019年在地方推荐的基础上，遴选农村人居环境整治成效明显的19个县给予奖励，每县奖励2000万元，奖励资金由地方统一用于人居环境整治相关工作。

（4）财政部通过农村环境整治资金安排 42 亿元，重点支持《水污染防治行动计划》确定的规划村庄整治、农村污水综合治理试点；通过农业生产发展资金和农业资源及生态保护补助资金安排 89.5 亿元，支持各地开展农作物秸秆综合利用、畜禽粪污资源化利用试点、农用地膜回收利用相关工作；通过农村综合改革转移支付资金安排 61.7 亿元，支持各地开展美丽乡村建设；通过旅游发展基金补助地方项目安排 8.4 亿元，用于支持旅游厕所建设。

（5）国家能源局开展"三区三州"农网改造升级。2019 年安排中央预算内投资 90.8 亿元，将四川凉山州、云南怒江州、甘肃临夏州等"三州"农网改造升级项目的中央资本金比例提高到 50%。

● 农村人居环境整治工作是怎么推进的？

农村人居环境整治实行中央统筹、省负总责、市县乡抓落实的工作推进机制。中央农村工作领导小组统筹改善农村人居环境工作，协调资金、资源、人才支持政策，督促推动重点工作任务落实。有关部门各司其职、各负其责，密切协作配合，形成工作合力，及时出台配套支持政策。省级党委和政府定期研究本地区改善农村人居环境工作，抓好重点任务分工、重大项目实施、重要资源配置等工作。市级党委和政府做好上下衔接、域内协调、督促检查等工作。县级党委和政府做好组织实施工作，主要负责同志当好一线指挥，选优配强一线干部队伍。将国有和乡镇农（林）场居住点纳入农村人居环境整治提升范围统筹考虑、同步推进。

● 如何健全农村人居环境长效管护机制？

一是要明确地方政府、职责部门和运行管理单位的责任，做到有制度、有标准、有队伍、有经费、有监督。二是要利用好公益性岗位，建立稳定的农村人居环境整治管护队伍。三是要明确农村人居环境基础设施的产权归属，推动农村厕所、生活污水垃圾处理设施设备和村庄保洁等一体化运行管护。四是引导鼓励有条件的地区依法探索建立农村厕所粪污清掏、农村生活污水垃圾处理农户付费制度，逐步建立农户合理付费、村级组织统筹、政府适当补助的运行管护经费保障制度。

● 农村人居环境整治还存在哪些突出问题？

（1）农村生活垃圾与农业生产废弃物尚未有效分离。2018年我国农村废弃物产生总量为50.89亿吨，而生产性废弃物占比超过90%。部分地区仍然保留庭院养殖畜禽的习惯，造成居住区臭味大、畜禽粪污处理难。很多地方秸秆、农药瓶、化肥包装袋、农用地膜残膜等农业生产废弃物混入生活垃圾处理系统，造成生活垃圾处理负担重、难度大、效率低。

（2）农村生活垃圾源头分类与终端处理尚不匹配。多数地区农村生活垃圾分类工作以镇、村为单位试点推行，在垃圾分类试点推行过程中只注重源头分类，在收集、转运和终端处理过程中仍然采用混合装运和混合处理，实际上并没有达到垃圾分类减量化和资源化利用目标，长此以往，降低了农户的分类积极性，提高了生活垃圾治理成本。

（3）高寒地区农村生活污水处理存在技术瓶颈。这些地区地域广阔，村落规模较小、分布分散，季节性气候变化大，冬季严寒而漫长，农村人口稀少，农村生活污水治理面临着极低气温的气候条件限制。同时，这些地区经济相对落后，农村居民日常生活较为简单，几乎没有淋浴和卫生间的排水，日常污水来自冲厕、洗衣、餐厨等，其污水量小、水质复杂，氮磷元素含量较高，污水处理难度较大。

（4）农村生活污水治理投入成本高。当前我国农村生活污水通常以整村推进实施，建设污水处理设备，铺设管网并交由第三方企业运行和维护，所有资金均由政府财政承担。由于污水处理设施建设成本高，各级政府专项资金难以承担所有村庄污水处理设备的建设和运维费用，只能在部分村庄开展生活污水治理试点，农村生活污水治理仍然存在较大资金缺口。

（5）部分地区农村厕所改造农户使用率不高。由于部分地区农户存在粪污还田利用、不愿在室内如厕等习惯；推广中"一刀切"采用坐便式水冲厕所等做法，以及设施设备存在质量、故障等问题，造成农村厕所改造难度大，农户使用率不高、满意度较低。即使政府包揽新厕建设，但在实际过程中仍然存在"建新、不拆旧""用旧、不用新"的情况，严重影响厕所改造效果。

（6）村容村貌整村推进难度大。目前，我国农村大多地区面临农村人口大量外出、空心村严重的现象，造成村容村貌整村推进乏力。农村劳动力大量外出导致村容村貌的推进难以整村综合统筹，治理成果无法共享。留守农村的多为老人、妇女和儿童，导致农村环境治理因缺乏劳动力而治理效果较差。此外，在村庄规划方面还存在村庄建设土地资源浪费，公共设施、生产生活空间布局不合理，居住区散落情况比较严重等问题。

◉ 农村居民怎么为农村人居环境整治作贡献？

（1）要做人居环境整治的倡导者。努力宣传人居环境整治的重要意义，积极参加镇、村组织的各种人居环境整治活动，主动为人居环境整治献计献策。

（2）要做人居环境整治的践行者。自觉清理房前屋后的生产生活垃圾与排水沟渠，积极落实"门前三包"，对生活杂物、柴草、农机具、建材等进行整理，做到摆放整齐，堆放有序。积极配合拆除农村"违建房、危险房、空心房、零散房"，自行对破旧裸露墙体进行修缮、粉饰。对畜禽进行圈养，不乱排人畜粪污。坚持"一户一宅"、建新拆旧、先批后建、按图建房，不乱搭乱建。爱护环卫保洁设施，自觉将垃圾分类投放，按时足额缴纳卫生费。

（3）要做人居环境整治的监督者。弘扬时代新风，参与社会监督，主动劝阻和制止损害公共环境的行为，积极举报脏乱差问题。从身边小事做起，以自己的模范行为带动身边的人。

和美

第二编 贰

农村厕所革命

◉ 什么是厕所革命?

厕所革命是指发展中国家对厕所进行改造的一项举措,最早由联合国儿童基金会提出。厕所是衡量文明的重要标志,改善厕所卫生状况直接关系到人民群众的健康和环境状况。厕所革命不仅是改善日常生活必备的卫生设施,更是人民群众卫生习惯与生活方式的一场变革。

◉ 为什么要在农村开展厕所革命?

我国现阶段城乡差距大,不仅体现在基础设施建设、基本公共服务、居民收入水平和生活质量等方面,也体现在人居环境等方面。农村厕所不卫生、不方便、不舒适,是农村人居环境需要改善的一个突出问题,也是不少外出务工人员不愿意回家、城里人不愿去农村的重要影响因素之一。厕所脏乱差还造成农村地区蚊蝇滋生,有疾病传播风险。因此,全面推进乡村振兴,必须补上人居环境特别是厕所卫生这块短板,这对于建设宜居宜业和美乡村,满足广大农民群众对美好生活的向往,提升农民群众的获得感幸福感,具有重要意义。

◉ 粪便是怎么传播疾病的?

粪便中含有大量的肠道致病菌、寄生虫卵和病毒等病原体,如果不做处理,直接排放,就会污染环境、滋生蚊蝇,传播疾病,对人体健康造成危害。粪便传播疾病的途径主要是粪便中的病原体通过手、蚊蝇、土壤、水等媒介污染食物,最后从口进入人体使人得病。粪便是许多疾病的传染源,包括三大类 100 多种疾病,其中细菌性疾病有细菌性痢疾、霍乱等；病毒性疾病有病毒性肝炎、脊髓灰质炎等；寄生虫性疾病有血吸虫病、蛔虫病、钩虫病、肝吸虫病、绦虫病等。据统计，世界上约有80%的传染性疾病是因人类粪便污染饮用水源和环境导致的。

● 什么是粪便无害化处理？

粪便无害化处理就是利用物理、化学、生物方法，消减、去除或杀灭粪便内的致病菌、病毒、寄生虫卵等病原体，抑制蚊蝇滋生，防止恶臭扩散并使其处理产物能直接资源化利用。粪便经无害化处理后可以作为肥料种植作物，但因其含有丰富的氮、磷等元素，不可直接排入水体，否则会造成水体富营养化。

● 什么是卫生厕所？

卫生厕所是指有墙、有顶、有门，厕所清洁、无臭，粪池无渗漏、无粪便暴露、无蝇蛆的厕所。粪便就地处理或适时清出处理，达到无害化卫生要求；通过下水管道进入集中污水处理系统处理后达到排放要求，不污染周围环境和水源。

作为卫生厕所最基本的要求是地上无粪便暴露，眼睛看不到粪便，鼻子闻不到臭味；地下不渗不漏，粪便进行无害化处理，不对环境造成污染。

● 什么是无害化卫生厕所？

根据《农村户厕卫生规范》（GB 19379—2012）规定，无害化厕所是指按照规范要求使用时，具备有效降低粪便中生物性致病因子传染性设施的卫生厕所，包括三格化粪池式厕所、双瓮漏斗式厕所、三联通式沼气池式厕所、粪尿分集式厕所、双坑交替式厕所和具有完整上下水道系统及污水处理设施的水冲式厕所。

无害化卫生厕所必须有像三格化粪池等能够杀灭、去除生物性致病因子的粪便无害化处理设施，能够减少对人体健康的危害以及对环境的污染。它是卫生厕所的升级版。在已普及卫生厕所的地区，可以逐步升级为无害化卫生厕所。有条件的地区，可以直接建设无害化卫生厕所。

◉ "世界厕所日"是哪天？

2013 年，第 67 届联合国大会通过决议，把每年的 11 月 19 日设立为"世界厕所日"，并决定此后每年在一个国家举行一次世界厕所峰会。

"世界厕所日"旨在通过全世界人民的努力，共同改善世界环境卫生问题，倡导人人享有清洁、舒适及卫生的环境。

◉ 农村厕所革命的目标是什么？

到 2025 年，农村卫生厕所普及率稳步提高，厕所粪污基本得到有效处理。东部地区、中西部城市近郊区等有基础、有条件的地区，农村卫生厕所基本普及；中西部有较好基础、基本具备条件的地区，农村户用厕所愿改尽改；地处偏远、经济欠发达的地区，农村卫生厕所普及率逐步提高。

◉ 农村厕所革命的主要任务是什么？

（1）推进农村户用卫生厕所改造。科学确定农村厕所建设改造标准，推广适应地域特点、农民群众能够接受的改厕模式，加大改造投入力度，降低厕所使用成本，让农民既用得好又用得起，防止脱离实际。

（2）加强农村公共厕所建设。在人口规模较大及其他需要的村庄，像重视城镇公共厕所建设那样，推进农村公共厕所建设。

（3）配套搞好厕所粪污处理。农户厕所改造同步进行粪污处理。鼓励探索使用农家肥的有效举措，解决好粪污的"出口"和利用问题，决不能让改厕成为农村环境新的污染源。

◉ 推进农村厕所革命的基本原则是什么？

（1）政府引导、农民主体。政府部门重点抓好规划编制、标准制定、示范引导等，不能大包大揽，不替农民做主，不搞强迫命令。从各地实际出发，尊重农民居住现状和习惯，把群众认同、群众参与、群众满意作为基本要求，引导农民群众投工投劳。

（2）规划先行、统筹推进。从当地实际出发，先搞规划、后搞建设，先建机制、后建工程，合理布局、科学设计，以户用厕所改造为主，统筹衔接污水处理设施，协调推进农村公共厕所和旅游厕所建设，与乡村产业振兴、农民危房改造、村容村貌提升、公共设施建设等一体化推进。

（3）因地制宜、分类施策。立足当地经济发展水平和基础条件，合理制定改厕目标任务和推进方案。选择适宜的改厕模式，宜水则水、宜旱则旱、宜分户则分户、宜集中则集中，不搞"一刀切"，不搞层层加码，杜绝"形象工程"。

（4）有力有序、务实高效。明确工作责任，细化进度目标，加强督促指导。坚持短期目标与长远打算相结合，克服短期行为，既尽力而为又量力而行。坚持建管结合，积极构建长效运行机制，持之以恒将农村厕所革命进行到底。

● 农村厕所革命的工作推进机制是什么？

农村厕所革命实行"中央部署、省负总责、县抓落实"的工作推进机制。中央有关部门出台配套支持政策，密切协作配合，形成工作合力。省级党委政府把农村改厕列入重要议事日程，明确牵头责任部门，强化组织和政策保障，做好监督考核，建立部门间工作协调推进机制。强化市县主体责任，做好方案制定、项目落实、资金筹措、推进实施、运行管护等工作。

● 农村厕所革命有哪些支持政策？

2019 年起，中央财政启动实施农村厕所革命整村推进财政奖补工作，计划用 5 年左右时间，以奖补方式支持和引导各地推动有条件的农村普及卫生厕所，实现厕所粪污基本得到处理和资源化利用。当年中央财政通过转移支付渠道安排专项资金 70 亿元，支持超过1000 万户农户实施改厕。

除此以外，2019 年，中央预算内投资中新增设立专项并安排 30 亿元，启动实施农村人居环境整治整县推进工程，支持中西部省份、东北地区、河北省、海南省以县为单位推进农村人居环境基础设施建设。还对开展农村人居环境整治成效明显的 19 个县（市、区）予以激励，每个县给予 2000 万元激励支持，主要用于农村厕所革命整村推进、村容村貌整治提升等农村人居环境整治相关建设。

同时，中央财政继续通过现有渠道支持农村生活垃圾污水治理、畜禽粪污资源化利用、旅游景区厕所建设等，鼓励各地在项目布局、资金安排、功能衔接等方面，加强与农村厕所革命整村推进的统筹配合。

◉ 农村厕所革命整村推进奖补政策都有哪些规定？

在奖补方向上，主要支持粪污收集、储存、运输、资源化利用及后期管护能力提升等方面的设施设备建设。对农户，原则上只奖补农户改厕的地下部分和公共部分，不支持利用中央奖补资金为农户建设厕所和购置厕具。对村庄，与改厕和粪污治理相关的公共基础设施建设和管护能力提升建设，比如粪污清运车、堆肥房、公共厕所、地下管道等都可以支持，但不能作为工作经费，比如人员工资等。

在奖补标准上，由各省级财政、农业农村等有关部门根据实际情况，统筹考虑区域经济发展水平、财力状况、基础条件等，结合阶段性改厕工作计划，因地制宜确定具体奖补标准。一些自然条件特殊的地区，需要选用节水无水式、防冻抗寒式等成本较高的改厕模式和产品，在交通运输、人力机械、运维管护等方面支出也相对更多，奖补标准可适当提高。

在奖补对象上，侧重奖励上年完成任务的村和户，兼顾补助当年实施的村和户。已经接受过中央财政奖补的村和户，原则上不再安排奖补。

　　在奖补程序上，每年1月底前，省级农业农村部门会同财政部门向农业农村部、财政部报送上一年度厕所革命整村推进实施情况；财政部统筹考虑汇总报送数据和建议，并征求农业农村部的意见，按照因素法将中央财政奖补资金切块下达到省。省级财政、农业农村等有关部门统筹中央财政奖补资金和地方财政安排的补助资金，确定本省奖补方案，明确补助对象、补助标准、补助方式、资金管理要求等，在中央财政奖补资金下达后1个月内报财政部、农业农村部备案，并抄送属地财政部派出机构。

◉ 哪些村庄可以优先进行整村推进？

　　一是群众意愿强、主要负责同志亲自抓、技术模式成熟适用、配套资金及时到位、后续管护有保障的地区优先推进。二是已编制村庄规划、规划保留村、开展村庄清洁行动成效明显的村以及同步推进农村生活污水和畜禽粪污治理的村庄予以优先支持。三是鼓励有条件的地方整乡、整县推进无害化卫生厕所改造。

◉ 推进农村改厕过程中，什么样的情况可以缓改或者不改？

　　农村改厕不搞行政命令、不搞"一刀切"，未经村民会议或村民代表会议同意，不得推进整村改厕；未经农户同意不得强行推进农村户厕改造。

　　在尊重农民意愿的前提下，以下几种情况可以改或者不改。一是已列入搬迁撤并类的村庄；二是3年内有搬迁计划的农户以及空挂户；三是举家外出（1年以上）且书面征求意见不愿改厕的农户。

◉ 整村推进改厕是一户也不能落下吗？

不一定。目标是整村推进，尽量不要遗漏。原则上坚持"一户一宅一厕"，但要根据当地实际情况来开展，一些不具备条件或有特殊情况的农户（对一户多宅、一宅多户保证如厕基本需求）可以推迟或不改，不列入目前的改厕计划。如全村或部分农户已进行了规划，几年内要集中改造、搬迁，可考虑延后。虽然户籍在村，常年不在本村居住的，可考虑不改；短时间回村居住的，可书面征求其改厕意愿。

◉ 旧厕所改造是否在政策支持范围？

按照当地改厕计划，将旧厕所改造为符合要求的卫生厕所，可得到资金支持；如该村已经实施了整村推进，第二年又有农户申请，也可纳入改厕计划，按要求改造后可得到资金支持。但一户只能接受一次中央财政奖补，不能重复。

如果一户家庭改建不止一个卫生厕所，或几户家庭共建卫生厕所（包括共建地下部分）应与当地主管部门沟通，按当地有关规定执行。

◉ 卫生户厕类型是否全村都要一个样？

不一定。农村改厕要因地制宜，可以一村一策，也可以一户一厕，要在改厕技术安全可靠的前提下，充分尊重农民意愿，保证户厕正常使用。要针对农户不同需求和习惯，比如有的农户习惯用液体粪肥，有的习惯用固体粪肥，有的想使用沼气池，有的不用粪肥等，采取不同的改厕类型。即便是统一改厕，粪便处理设施相同，也要根据不同的经济条件和习惯爱好等，在厕所的建设、布局上有所差别，不宜采用同一标准改造。

● 农村厕所革命和农村生活污水治理有什么关系？

农村厕所革命的核心环节是厕所粪污治理，做好农村生活污水治理是推进厕所革命的前提和基础。厕所粪污治理应纳入农村生活污水治理实施方案，统筹考虑改厕和污水处理设施建设，一并研究制定粪污和生活污水排放标准，分类谋划厕所粪污分散处理、集中处理或接入污水管网统一处理的模式，合理确定工作时序，协同实施。

在主要使用水冲式厕所的地区，农村改厕与污水治理应实行一体化的施工建设和运行管护，力争一体化处理，一步到位。在主要使用传统旱厕和无水式户用卫生厕所的地区，必须做好粪污无害化处理，加强厕所粪污的资源化利用，积极畅通厕所粪污就地就近还田渠道，并为后期污水处理预留建设空间，避免反复施工造成浪费。

● 农村改厕工作要过哪"十关"？

一是严把领导挂帅关。落实五级书记抓乡村振兴的要求，县乡村书记是第一责任人。二是严把分类指导关。明确不同地区农村改厕目标任务，严禁在条件不成熟的情况下强行推开。三是严把群众发动关。把选择权交给农民，不搞行政命令、不搞"一刀切"，未经农户同意，不得强行推进农户改厕。四是严把工作组织关。在摸清农户实际需求的基础上制订改厕计划，不能简单地自上而下，层层下指标、分任务，建立完善农村改厕建档立卡制度。五是严把技术模式关。因地制宜选择改厕模式，经过试点示范、科学论证之后再全面推开。六是严把产品质量关。严格确定选材的质量标准和技术参数，杜绝质量低劣产品。七是严把施工质量关。建立由政府主管、第三方监督、村民代表监督相结合的施工全过程监管体系。八是严把竣工验收关。由县级组织有关部门、乡镇工作人员逐户验收，将群众使用效果、满意度等纳入验收指标。农户不满意且理由合理的，不能通过验收。九是严把维修服务关。明确厕所设备定期巡查和及时维修机制，配套建立长效服务体系。没有落实好维修服务措施，宁可不开工、不建设。十是严把粪污收集利用关。优先解决好粪污收集和利用去向问题，与农村生活污水治理有机衔接、统筹推进。

◉　无害化卫生厕所主要有哪些类型？

目前，我国农村由全国爱卫会推荐的常见的无害化卫生厕所主要有三格化粪池式、双瓮（双格）式、三联沼气池式、粪尿分集式、双坑（双池）交替式及完整上下水道水冲式等6种类型。另外，生物填料旱厕、净化槽等新型无害化卫生厕所不断涌现，性价比逐年提高，适合在经济条件较好的农村地区推荐使用。

◉　什么是三格化粪池式厕所？

三格化粪池式厕所由厕所、蹲（坐）便器、冲水设备、三格化粪池等部分组成，核心部分是用于存储、处理粪污的三格化粪池。三格化粪池由三个串联的池体组成，一池与二池、二池与三池之间由过粪管连接。三格式厕所一定要使用节水型便器。

三格化粪池原理及处理过程：

（1）第一池主要对新鲜粪便起沉淀和初步发酵作用，难以分解的固体物质和寄生虫卵逐步沉淀，同时厌氧发酵，对有机物进行初步降解。经过沉淀和发酵后，粪水混合物逐渐分为三层：上层粪皮、中层粪液、底层粪渣。中层粪液通过过粪管进入第二池。

（2）第二池继续对粪液进行深度厌氧发酵，产生的游离氨可以对病菌和虫卵等病原体起到杀灭作用，寄生虫卵进一步沉淀，粪液逐渐达到无害化。第二池也分层，但粪皮和粪渣比第一池少很多，中层无害化的粪液继续进入第三池。

（3）第三池流入的粪液一般已经腐熟，其中病菌和寄生虫卵已基本杀灭。第三池主要起储存作用，为后期清掏做准备。

三格化粪池的有效容积是决定粪便无害化的关键，要结合使用人数、粪便停留时间及清掏周期综合确定化粪池有效容积。一般三口之家不小于 1.5 立方米，3 个池子容积比原则上为 2∶1∶3。

化粪池中粪污的有效停留时间，第一池应不少于 20 天，第二池应不少于 10 天，第三池应不少于第一池、第二池有效停留时间之和。

● 三格化粪池式厕所有什么特点？

（1）结构简单，施工方便。其核心结构三格化粪池的建造既可以现场砖砌，又可以采用钢筋水泥预制成型，适用于不同施工条件。三格化粪池安装的技术难度很低，安装工人只需经过简单培训即可掌握。

（2）使用方便，易于维护。只需注意控制厕所冲水量、冬季防冻、定期清掏等问题。由于该类厕所的结构和工作原理均较为简单，因此故障率较低，即使厕所的某些部件损害，也容易修理和更换。

（3）处理效果好，产物肥效高。三格化粪池式厕所利用寄生虫卵的沉淀作用及粪便密闭厌氧发酵原理除去和杀灭寄生虫卵及病菌，控制蚊蝇滋生，从而达到粪便无害化的目的，符合广大农户如厕习惯，可以有效防止臭气溢出。经过三格化粪池处理的粪液含有大量易于农作物吸收的营养物质，酸碱度适中，是优质肥料，可直接施用。

（4）适合国情，应用广。三格化粪池式厕所具有良好预防疾病和改善环境效果，还有技术简单、使用方便、造价低廉的优点，与我国大部分农村地区实际情况相适应，是应用最广的卫生厕所，在我国华东、华北和中南部地区十分常见。

◉　三格化粪池式厕所适用于哪些地域？

三格化粪池式厕所适合我国多数地区使用。在水资源丰富或者农村自来水普及率高的地区最为适用。寒冷地区建设三格化粪池式厕所要注意防冻，最好把厕所建在室内，化粪池尽量使用整体式、现场免装配的成型产品或直接用混凝土浇筑，要深埋至冻土层以下，并适当增加容积，上下水管道要有防冻措施，宜选用直排式便器，便器排便孔后不应安装存水弯。西部干旱缺水地区不建议普及使用。同时，农村建设三格化粪池式厕所一定要配备节水型冲水器具，后期清掏管护要跟上。

◉　三格化粪池式厕所在建造上有什么要求？

（1）厕所的结构和材料。厕所与其他正屋比起来使用频率相对较低，保证安全是基本要求。如南方地区雨水较多，厕所应考虑防雨防倒灌；冬季温度低，厕所应考虑保温。在建筑材料上可采用砖石、混凝土、轻型装配式结构。

（2）厕所建设应采用环保节能材料。在厕所建设材料选用时，应符合国家环保要求。针对农村户厕改扩建，优先选用原厕所拆除的可再利用材料，提高资源利用效率。

（3）厕所的净面积和高度。考虑到配套洗手、照明、保温、通风设施设备后，如厕和转身较为困难，因此，厕所净面积不应小于1.2平方米，独立式厕所净高不应小于2.0米。

（4）厕所应具备的基础设施。厕所应有门、照明、通风及防蚊蝇等设施，地面应进行硬化和防滑处理，墙面及地面应平整；有条件的地区，宜设置洗手池等附属设施。

（5）厕所地面高度。为了保证雨天正常如厕，防止雨水流入厕所，独立式厕所地面应高出室外地面100毫米以上，寒冷和严寒地区应增加保温措施。

（6）附建式厕所设计要求。附建式厕所应设置为独立空间，有通向室外的排风设施，避免臭味。

◉　三格化粪池的建造方式有哪几种？

（1）砖砌化粪池。用红砖或水泥砖、水泥等材料，由受过培训的建筑工匠现场砌制，砌制后内外表面要做防渗漏处理。

（2）水泥预制式。包括三格池的整体预制和预制水泥板，然后现场组装。整体预制水泥三格池在工厂完成，运至现场安装，具有较好的防渗性能，强度高、耐久性好、质量可靠。预制水泥板可在现场组装，容易运输，但现场要做好防渗漏处理。

（3）整体式化粪池。为工厂制造的成型产品，采用聚氯乙烯、聚乙烯、共聚聚丙烯、玻璃钢等材料，通过注塑、机械缠绕、模压等工艺生产成型。整体式化粪池又分两种：一种是免组装，即出厂就是整体设备，在现场不用组装，直接使用，抗压性、防渗漏性好；另一种是分体预制，即出厂是上下池体、隔板等结构组件，需要现场组装，如果组装不到位，容易出现渗漏现象，抗压性也不如免组装的整体设备好。

◉ 三格化粪池安装与施工要注意哪些问题？

1. 分体预制式三格化粪池安装

第一，安装隔仓板及过粪管。一是采用密封胶圈防渗方式，沿隔仓板外沿套密封胶圈后，卡入罐体隔仓板卡槽内；采用结构胶防渗方式，先在下池体卡槽内打胶，将隔仓板插入卡槽结合紧密牢固。二是安装过粪管，在隔仓板的过粪口打胶或套闭水胶圈，将长过粪管插入第一池隔仓板过粪口，短过粪管插入第二池隔仓板过粪口，保持过粪管与隔仓板紧固密封，且与池底垂直。注意隔板安装后要检查两块隔板是不是按 2:1:3 的比例插入对应的卡槽中，同时两块隔仓板的过粪口方向必须交错。

第二，上下罐体组装。一是上下池体盖合缝位置粘贴密封胶或对接法兰处打胶，或贴密封条，密封条连接处必须叠加 5 厘米。二是对采用结构胶防渗方式的，继续在上池体隔仓板卡槽内打胶。三是上下池体合缝对接，确认上下池体的法兰盘边缘全部对齐后，采用对称方式，分 2～3 次依次紧固螺丝，保证受力均匀。四是在进粪口和出水口安装胶圈，按照进粪管和出水管依次进行，进粪管和便器要保持连接。

第三，开展渗漏测试。一是罐体渗漏测试。对罐体进行注水，静置 24 小时后，观察是否有破裂、裂缝或变形，同时观察水位线下降是否超过 10 毫米，判断化粪池是否渗漏。二是隔仓渗漏测试。对第二池注水，静置 24 小时后观察第一、第三池是否有串水，判断隔仓是否渗漏。

2. 砖砌式和混凝土式化粪池施工

砖砌式三格化粪池砌筑施工时，水泥、沙、石比为 1:3:6，混凝土浇筑三个池的整体盖板。水泥底板、盖板、圈梁采用不低于 C25 级混凝土。化粪池盖板覆盖池壁外，应高出地面 50～100 毫米；维护口井盖应大小适宜，防止雨水流入。砌筑完成，待水泥砂浆凝固后，涂抹沥青、防水涂料，或贴土工膜等防水、防腐材料，干燥后按规范要求做闭水试验。

混凝土式三格化粪池浇筑建设时，钢筋采用 HPB235、HRB335，水泥采用 C25 级混凝土，现浇钢筋混凝土底板、盖板厚度应不少于 10 厘米，现浇混凝土圈梁厚度应满足设计要求。施工缝要做止水带。在化粪池满水实验合格后，安装混凝土盖板，然后在其周围回填土，应对称均匀回填，分层夯实。

3. 安装回填

首先对化粪池基坑进行分层回填。对于地下水位高的区域，应做好防浮措施。进粪管连接要保证管道的密封性能，进粪管坡度大于 15 度。尽量少用弯头连接，保证粪便通畅流动，避免弯道存水，防止冬季结冻。

化粪池安装就位后，应及时用原土在化粪池两侧对称同步回填，剔除尖角砖、石块及其他硬物后，分层夯实。回填夯实时，应从基坑壁向池壁依次回填，确保化粪池四角回填密实。回填时应防止管道、卫生洁具、化粪池发生位移或损伤。

化粪池维护口安装井筒，确保化粪池井筒安装完毕后高出地面10厘米；井筒和化粪池检查口之间应用胶圈密封牢固，不得出现承插连接位置漏水现象，覆土，夯实。

化粪池回填完毕，施工作业面应进行硬化或绿化。

◉ 相邻居住的农户可以共用一个化粪池吗？

如果一家一户没有合适的地方安装化粪池，相邻几家商量后，可以选定安装位置，共用一个化粪池。化粪池位置应处于各家厕所位置下游，要有一定坡度，同时尽量距离各家较近，避免便器到化粪池的管道过长，引发堵塞。另外，适当增加化粪池有效容积。各家常住人口较多时，可按人均0.5立方米确定总有效容积。

◉ 怎么判断三格化粪池是否符合标准？

（1）商品化粪池要有产品合格证和产品检验报告，在醒目处标注生产商名称、商标图标识、进水口及出水口，附带完整安装配件及附件。

（2）外观不能有破损、变形。内壁经目测应光滑平整、无裂纹，无明显瑕疵，边缘应整齐；壁厚均匀，无分层现象。

（3）单户化粪池总容积不小于1.5立方米，第一池不小于0.5立方米。

（4）两个过粪管均为进口低出口高。

（5）不能渗漏，包括不能向外渗漏，各池之间也不能互相渗漏。

◉ 怎么判断三格化粪池不渗不漏？

一是开展格池密封性满水实验，用于检验三个池之间密封是否严密。向第二池注水至过粪管溢流口下沿，静置 24 小时后观察第一池、第三池，无串水现象为合格（通过过粪管流入的不计）。二是开展整体密封性满水实验。用于检测化粪池是否渗漏。新装配的化粪池三个池内灌满水，静置 24 小时后观察，是否有破裂或变形，同时观察水位线，下降超过 10 毫米，表明有渗漏；如水位上升，说明地下水位较高，有地下水渗入。如果出现问题，要分析原因，采取防渗抗漏措施。

◉ 三格化粪池的基本结构是什么？

三格化粪池的第一、二、三池容积比应为 2:1:3。粪便平均停留时间，第一池应不少于 20 天，第二池应不少于 10 天，第三池应不少于 30 天。

三格化粪池的第一、二、三池的深度应相同，且应不小于 1.2 米。寒冷地区应考虑当地冻土层厚度确定池深。

进粪管应内壁光滑，内径应不小于 10 厘米，应尽量避免拐弯尤其是直角拐弯，减少管道长度。进粪管铺设坡度不宜小于 15 度，长度不宜超过 3 米，应和便器排便孔密封紧固连接；长度大于 3 米时，应适当增加铺设坡度。

过粪管应内壁光滑，内径应不小于 10 厘米，设置成 I 形或倒 L 形。连接第一池至第二池的过粪管入口距池底高度应为有效容积高度的 1/3，过粪管上沿距池顶宜大于 10 厘米，第二池至第三池的过粪管入口距池底高度应为有效容积高度的 1/2，过粪管上沿距池顶宜大于 10 厘米。两个过粪管应交错设置。斜插过粪管效果较好，但不易固定，且容易脱落；倒 L 形容易安装和固定，是目前常用的安装方式。

排气管应安装在第一池，内径不宜小于 10 厘米。靠墙固定安装，应高于屋檐 50 厘米。排气管顶部应加装伞状防雨帽或 T 形三通管。

化粪池顶部应设置清渣口和清粪口，直径应不小于 20 厘米，第三池清粪口可根据清掏方式适当扩大。清渣口和清粪口应高出地面 10 厘米，化粪池顶部有覆土时应加装井筒，井筒与清渣口、清粪口连接处应做好密封。

化粪池清渣口和清粪口应加盖，清渣口或清粪口大于 25 厘米时，口盖应有锁闭或防坠装置，并加盖板。

◉ 三格化粪池式厕所在使用上有什么要求？

（1）厕所。厕所内应保持清洁卫生，地面无积水、无结冰、无垃圾。厕所内可根据需要设置贮水设施，盛水容器，并配置便纸篓和清洁维护工具。厕所内应保持通风设施运行正常，臭味强度、氨气浓度、蝇蛆等卫生指标的控制，应达到有关要求。

（2）清洗设施。在满足清洁卫生的前提下，用户应节约用水，鼓励循环利用。不具备自动冲水条件的用户，可采用人工冲洗、清洁刷等节水环保的方式清洁便器。在寒冷地区入冬前外露的涉水管道、贮水设施、盛水容器等应采取防冻保温措施。

（3）便器。启用时，便器内如有杂物应及时清理出，不应冲入化粪池内。采用蹲便器的独立式户厕，宜配备带把手的便池盖板。

便器应及时清理，保持无粪迹、尿垢和杂物存留。餐厨残渣残液、烟头以及难降解的卫生用品等不应扔入便器。

（4）化粪池。新建化粪池经水密性检验合格后，方可启用。化粪池投入运行前，应向第一池注水至浸没第一池过粪管口。化粪池使用过程中，盖板应保持密闭。化粪池中粪污的有效停留时间，第一池应不少于 20 天，第二池应不少于 10 天，第三池应不少于第一池、第二池有效停留时间之和。新鲜粪污不应进入化粪池第二池、第三池。化粪池第三池粪污应每月检查一次，防止粪污满溢，并适时清掏。化粪池第一池、第二池的粪皮、粪渣应每年检查一次并保持通畅。化粪池区域应保持空气流通，上方不应堆压重物或停放车辆，不应吸烟、放鞭炮或使用明火，宜设置围栏，应有禁压、禁火标志。

● 三格化粪池粪污清掏有什么要求？

三格化粪池宜由专业人员清掏，用户可自行清掏第三池粪污。清掏全过程应禁止烟火。清掏人员应佩戴个人卫生防护用品。清掏前，应检查抽粪车和抽粪管道，避免粪污泄漏；应在化粪池周边就近放置醒目警示标志，提醒行人、车辆安全避让；化粪池应充分通风，不应进入化粪池内作业。清掏时，应选用适当工具，避免损坏化粪池结构；第一池、第二池、第三池粪污不应互混清掏，不应取用第一池、第二池的粪污施肥。清掏后，应及时将盖板复位，并冲洗作业场地和清掏工具，确保清掏口周边环境干净整洁，不应造成环境污染。

◉ 三格化粪池式厕所在维护上有什么要求？

厕所内外宜每日清扫，适时消毒。厕所门窗、便器、清洗等设备设施如有故障或损坏，应及时维修或更换。每年应至少检查一次化粪池，出现盖板破损、地基沉降、化粪池上浮、进（过）粪管脱落、排气管断裂、池体隔板移位等现象的，应及时维修或更换。破损严重的化粪池，应及时报废处理，不应随意丢弃。每年应至少检测一次粪污无害化处理效果，确保处理后的粪污达到无害化要求。

◉ 什么是双瓮（双格）式厕所？

双瓮（双格）式厕所是一种结构简单、安装方便、造价较低的卫生厕所，其核心部分是两个瓮形化粪池。可建于厕所内便器下方，粪便可直接落入前瓮，但便器排便孔处要安装防臭阀；可和后瓮一起建在厕所外，通过过粪管与便器相连。

双瓮式厕所的原理与三格式基本相同。前瓮的作用是使粪便充分厌氧发酵、沉淀分层，寄生虫卵沉淀及粪渣粪皮被过粪管阻拦，只有中层粪液可以通过过粪管进入后预制，先由工厂生产出半个瓮，然后运输到施工现场组装后埋入地下。为了运输、施工方便，目前多数塑料双瓮化粪池的两个瓮均做成相同的尺寸。单个瓮的容积一般不应小于 0.5 立方米。

◉ 双瓮（双格）式厕所有什么特点？

一是材料轻便，建造简单，造价低廉。其核心结构"双瓮"体积较小，用陶土、水泥或塑料制成，比三格化粪池更为轻便灵活。此种厕所简化了建造流程，可以在传统旱厕的粪坑中埋入双瓮来进行改造。近年来，采用塑料压制的瓮体可在工厂内进行批量生产，更加适合大范围推广应用。另外厕所造价低廉，地下部分 600 元以内即可完成建设。二是节约用水，减少占地。双瓮式厕所占地面积小，可以选择将厕所建在室内或院内。同时，在寒冷地区，可以通过将"双瓮"深埋的方法获得更好的防冻效果。此外，利用原有房屋，将便器安装在室内，双瓮埋藏在室外，通过"穿墙打洞"的方式，可降低成本，节省空间。

● 双瓮（双格）式厕所适用于哪些地域？

主要适合土层较厚、使用粪肥的地区。因造价较低，只需少量水便可冲厕，在中原、西北地区较常见。由于其所需的冲水量少，在缺水地区可配合高压冲水器使用。

瓮体的高度要求大于 1.5 米，埋深较深，具有一定的防冻作用，在寒冷地区增加埋深，或瓮体加脖增高，并采取保暖措施可正常使用。

● 预制双瓮（双格）式厕所现场施工有什么要求？

（1）在选好的厕坑位置挖一个长 2 米、宽 1.1 米、深 1.8 米的长方体的坑，用 50 毫米厚的混凝土作基础。

（2）开展瓮体组装。两个瓮在地上进行组装，对接处放置密封垫或密封胶后，先把瓮体对接，再用防锈螺钉对称加固。

（3）将瓮体放入坑内，固定位置后安装进粪管。进粪管安装坡度不小于 15 度。

（4）调整好过粪管口的位置，瓮与瓮之间用过粪管连接，在过粪管与瓮体连接处用专用的管件连接，起到防漏和固定的作用。常用倒 L 形过粪管，过粪管前低后高，不可反向，长度可根据实际需要而定，一般为 550～600 毫米。过粪管前端安装于前瓮距瓮底 550 毫米，后端安装于后瓮上部距瓮顶 110 毫米，伸出后瓮壁 50 毫米。

（5）瓮体周围用原土分层填好夯实，防止瓮体塌陷、倾斜。回填土不得含有砖块、碎石、冻土块等。

（6）安装完成的瓮体应进行检查，对整个系统做渗漏检测，确保各连接位置无渗漏后方可进行下个工序的施工。

◉ 怎么判断双瓮（双格）化粪池是否符合要求？

（1）商品化粪池要有产品合格证和产品检验报告，在醒目处标注生产商名称、商标图识、进水口及出水口，附带完整安装配件及附件。

（2）外观不能有破损、变形。内壁经目测应光滑平整、无裂纹，无明显瑕疵，边缘应整齐；壁厚均匀，无分层现象。

（3）双瓮化粪池的单个瓮容积不小于 0.5 立方米。

（4）瓮体高度不小于 1.5 米。

（5）过粪管进口低出口高。

（6）不能渗漏。

◉ 怎么检查预制双瓮（双格）式厕所是否渗漏？

一是检测两个瓮形化粪池是否渗漏。在两个瓮内注水至过粪管下缘，浸泡 24 小时后观察，如果水位下降超过 10 毫米，表明瓮有渗漏。二是检测过粪管是否渗漏。对倒 L 形过粪管，在两个瓮内注水至漫过过粪管上缘，浸泡 24 小时后观察，如果水位下降超过 10 毫米，表明过粪管与瓮的连接有渗漏。

◉ 三格式、双瓮（双格）式厕所的粪液粪渣怎么清理？

粪液存储在三格化粪池的第三池和双瓮化粪池的后瓮内，当粪液液位达到有效容积上限时应及时清理。可采用手工清掏或抽粪车（吸污车）抽取，确保粪液达到无害化效果后，在灌溉果蔬庄稼时随水施肥。若没有用肥需求，粪液可通过建设土地处理场等形式就地处理消纳，也可通过铺设管道或抽粪车，集中到污水处理厂（站）处理，不可随意排放。

粪渣处于化粪池第一格（或前瓮）的底部，当粪渣数量达到第一格（或前瓮）的 1/3 高度左右，也就是接近第一格与第二格之间的过粪管的下口时，就要清理一次。可人工清掏或用抽粪车抽取后堆肥处理、卫生填埋，或送至污水处理厂，不能直接用于农业施肥。一般 1 年清理一次。

◉ 三格式、双瓮（双格）式厕所的粪液粪渣可以用于农业施肥吗？

正常情况下，流到第三池或后瓮的粪液可用于施肥。当粪便在化粪池内经发酵与分解逐渐变成农作物可以利用的小分子营养物，肠道致病菌和寄生虫卵等病原体逐步减少、消亡，粪液基本实现了无害化，流到第三池或后瓮的粪液富含氮、磷等农作物生长所需要的物质，是很好的有机肥源，可用于农业施肥。

但是，清出的粪渣不能用于农业施肥。化粪池的粪渣主要是难以分解和液化的固体物质，一些寄生虫卵都沉降在底部，在三格或双瓮化粪池存储条件下，仍有部分虫卵没有被彻底杀灭，若直接用于施肥，可能导致寄生虫污染土壤、蔬菜瓜果，或通过接触者的口、手进入人体导致感染。而且粪渣量少，氮磷等元素含量少，成分复杂，不建议用作农业施肥。

◉ 三格式、双瓮（双格）式厕所的粪液粪渣不作粪肥怎么办？

三格式、双瓮（双格）式厕所的粪液如果不能利用，粪液可通过自家建渗滤池等处理后排放，也可通过铺设管道或抽粪车，集中到污水处理厂（站）处理。粪渣中主要是不易分解的粗纤维和固体物质，高温堆肥后可作为底肥施用；如果不能利用，由于粪渣很少，需要较长时间的清理间隔，可自家清理后埋入不污染水源的地下，或抽取后运送至粪污处理厂。

◉ 洗衣水、洗澡水可以排入化粪池吗？

不可以。三格池、双瓮（双格）容积有限，洗衣水、洗澡水进入后，短期内容易盛满，导致粪便留存和发酵时间不够，达不到无害化要求。另外，洗衣、洗澡产生的水量大，会稀释粪便中的营养成分，使粪便作为有机肥的利用价值大大降低，需要花费更多时间和资金进行处理。如果粪便和洗衣水、洗澡水是通过下水道进入污水处理设施的，可以共同排入。

◉ 什么是三联通沼气池式厕所？

三联通沼气池式厕所是将厕所、畜圈与沼气池（发酵池）联通起来，人粪尿、畜禽粪尿等排入沼气池共同发酵产生沼气的厕所。其优点是粪便无害化效果好，肥效好；沼液调配后可喷施蔬菜、瓜果，有杀虫和提高产品质量的功效；沼气可以做饭和照明，节省燃料；经济效益比较明显。缺点是建造技术复杂，一次性投入较大；需要饲养家禽或牲畜，仅使用人的粪便发酵的产气量很少；不适合寒冷地区；出现故障一般需要专业人员维修。

◉ 哪些农户适合建沼气池式卫生厕所？

一是从事家庭养殖业，可以利用畜禽的粪便产生更多沼气。二是从事果蔬、茶、庄稼等种植业，可以充分利用沼液，经济效益明显。三是位于不缺水的温暖地带。养殖种植均需要一定的水量，温度高则产气量大，也可通过保温措施增加产气量。

◉ 三联通沼气池式厕所建设过程有哪些注意事项？

建设三联通沼气池式厕所，要做到沼气池的基础应妥善处理，避免不均匀沉降；进、出料管和导气管的安装应牢固、不移位；沼气池内墙的粉刷应严格按照设计和施工规范进行，确保沼气池不漏水、漏气；沼气池应采用质量合格的建筑材料进行建设，保证其强度满足要求；沼气池活动盖的安装应确保完全密封；沼气池应在气密性和水密性试验合格后方可投入使用。

判断三联通沼气池式厕所是否符合要求的标准是无漏水漏气现象，压力表运转正常；沼气池的进出料顺畅，联通管道内无存留或堵塞；厕所内粪便无暴露，基本无臭味；沼气灶等设施通过导气管连接沼气池，使用正常。

◉ 三联通沼气池式厕所的沼液沼渣怎么清理利用？

在清理上，沼液可通过人工掏取、筒抽或泵抽。沼渣可人工清渣、机械清渣。可以自己动手，也可以雇专业人员清理。

在利用上，沼气主要用来作燃料，用沼气灶可以煮饭、烧水、洗澡，也可用沼气灯照明。沼液是很好的有机肥，可用于农业生产施肥。沼渣进行堆肥之后可作底肥。在血吸虫病流行地区和寄生虫病高发地区，不要采用沼液随时抽取和溢流的方式，也不要用沼渣喂鱼、饲养牲畜。

◉ 什么是粪尿分集式厕所？

粪尿分集式厕所是采用专用的粪尿分集式便器，将粪便和尿液分别收集到储粪池和储尿桶的一种厕所。粪尿分集式厕所的主要结构包括厕所、粪尿分集式便器、储粪池、储尿桶，其中粪尿分集式便器是主要部分。粪便需要加细沙土、草木灰等覆盖材料进行掩盖、吸味，并进行脱水干燥，同时杀灭病原体，以达到无害化卫生标准；尿液存放 7~10 天，兑水后可直接用于农业施肥。

粪尿分集式厕所的优点是建造简单，造价低廉；不用水冲，无须考虑用水、防冻等问题；干燥后的粪量很少，容易处置；尿液处置简单，可兑水施肥。缺点是要改变使用习惯，大、小便要对准位置；挂粪不能用水冲，要用布或纸擦；不适合人口较多、覆盖材料不足的家庭；管理不好，容易有臭味、蝇蛆等。

粪尿分集式厕所适用地域包括干旱、缺水地区，寒冷地区，居住分散、家庭人口较少的农户，以及烧柴做饭、取暖的地区。

● 没有草木灰时粪尿分集式厕所还能使用吗？

可以。一是在阳光充足的地区，可以将储粪池内部涂黑，向阳面用玻璃覆盖，整体密闭，建成小"日光温室"，利用太阳能增温加速粪便干化、杀灭病原体，保持排气管通畅，及时排出臭气。二是采用其他覆盖材料替代。干炉灰、细沙土、锯末或稻壳等也可以，但要加大用量，黄土中加入适量生石灰也有不错的效果。当有粪肥使用需求时，最好用锯末或稻壳替代覆盖，调节碳氮比，可用于堆肥熟化。

● 怎么判断粪尿分集式厕所是否符合要求？

一是便器必须是粪和尿分别收集的便器，质量合格，分别连接储粪池和储尿桶。二是储粪池密闭无渗漏，无粪便暴露，雨水也不会流入。三是排气管设置正确，上口高出厕所 50 厘米以上，并安装防雨帽。四是厕所内配有灰桶、加灰工具等。

● 粪尿分集式厕所在使用管理上有哪些注意事项？

粪尿分集式厕所主要通过脱水干燥达到无害化效果，严禁储粪池进水，保持储粪池干燥是厕所正常使用的关键。

（1）新厕所使用前要在储粪池底部铺一层草木灰（5～10 厘米）或干燥的尘土，最好用庭院里的干尘土，除能吸湿除臭外，还能提供分解粪便的微生物，加快无害化处理的速度。

（2）使用时注意尿液不要流入储粪池，尤其是客人使用时应提醒，在洗澡时禁止将水流入储粪池。

（3）便后加灰（草木灰、干炉灰、细沙土、锯末或稻壳等），撒入量以能够充分覆盖粪便为宜。

（4）粪在储粪池内堆存半年到一年，新旧粪便最好不要混合，可将旧粪清至一侧或周边避免新鲜粪便施入农田。

（5）尿储存在密闭的桶内，存放7~10天，用5倍水稀释后可直接用于作物施肥，夏天放置时间可适当缩短。

（6）如厕时要对准入粪口，防止粪便污染便器，若有粪便挂壁可用灰土擦拭，禁止用水冲刷。

（7）厕所如果发出臭味或发现有苍蝇及其他昆虫滋生，说明出了问题，通常是尿或水进入粪坑导致厕坑潮湿，要及时找出原因并解决，厕坑应补加一些草木灰之类的物质，吸附多余的水分，只要能保持厕坑干燥就不会出现上述问题。

（8）如厕后的厕纸单独收集，切不可放入储粪池内。

◉　粪尿分集式厕所的尿液、粪渣怎么处置？

在尿液处置上，为满足无害化要求，储尿桶液满取出后，须存放不少于7天时间，用5倍的水稀释后，可直接用于农作物施肥。在用尿液施肥时，不要直接浇到植物上，因为尿中的高浓度氨会灼伤植物，也不应该浇到根部，可以施在距离植物20厘米的地方，或者在施肥之后浇水，把多余的尿和氨冲入土壤中。当不需要尿液施肥时，可以建立一个简单的土地渗滤系统，通过管道把尿液引到并渗入树下或菜园的土壤中。

在粪渣处理上，粪尿分集式厕所内的粪便，经过脱水和长时间的存储，形成了少量无害化的干化粪便，可以直接用作堆肥或埋入地下。

● 什么是双坑交替式厕所?

双坑交替式厕所由普通的坑式厕所改进而成,一个厕所由两个厕坑(储粪池)、两个便器组成。两个坑交替使用,主要适用于我国干旱缺水的黄土高原地区,在新疆、西藏及东北高寒地区也有应用。

双坑交替式厕所需要并排建造两个厕坑(储粪池),每个厕坑上设置一个便器。当使用的一个厕坑满后,将其密封堆沤,同时启用第二个厕坑;当第二个厕坑满后,马上封存,这时,第一个厕坑已厌氧堆沤 6 个月以上,实现无害化后,随后可将粪肥取出使用。如此,两个厕坑便可交替循环使用。

双坑式厕所单个储粪池的容积一般不小于 0.6 立方米,可现场砖砌,也可采用预制混凝土、塑料或玻璃钢制作。储粪池可建在地下或半地下,也可以建在地上。使用时要撒干土覆盖,使人粪尿与土混合。

双坑交替式厕所的优点是技术要求不高,建造简单;不改变居民原有使用旱厕的习惯,管理方便;不用水冲,不用考虑用水与防冻问题;清出的粪便可用作有机肥。缺点是一个厕所两个厕坑(储粪池),占地面积大;厕所内卫生较难保持,容易出现臭味;粪尿易形成半干的膏状,清掏困难,需要人工花大力气清理;清掏时气味大,臭气重。

● 怎么判断双坑交替式厕所是否符合要求?

一是要有两个厕坑,单个厕坑的容积不小于 0.6 立方米。二是厕坑建于地上或地下,建于地面下时,储粪池上表面应高出地面 10 厘米,储粪池应采取一定的防渗漏措施。三是厕坑密闭无粪便暴露,室内留两个便器口，室外留清粪口，平时用盖板盖严。四是每个厕坑均设置排气管，排气管内径不小于 10 厘米，上端高出厕所顶 50 厘米以上，并安装防雨帽。

● 双坑交替式厕所如何使用管理？

一是第一次启用时，储粪池底部应铺一层干细土，出粪口用挡板密封。二是每次便后加土覆盖，防止粪便暴露滋生蝇蛆，同时也可遮盖臭味。三是第一池的粪便储满后封存，同时启用第二池，两坑轮换交替封存和使用。四是厕坑粪便封存半年以上，可用作底肥，清理时注意通风。五是如果不足半年清掏，应采用高温堆肥等方式对粪便进行无害化处理。

● 什么是完整上下水道水冲式厕所？

完整上下水道水冲式厕所由厕屋、便器与冲水器具、户用化粪井、排水管等组成。农户建设一格或两格化粪井收集暂存农户人粪尿和冲厕水，然后排入集中下水管道，最后进入集中处理设施。农户已建三格化粪池的，可以直接连入集中下水道。完整上下水道水冲式厕所有黑灰水分开收集和混合收集两种模式。

黑灰水分开收集：附近有农田施肥或有粪肥利用的农村，可采用黑灰水分开收集模式，建设厕所污水单独收集管网和粪污集中处理设施，通过处理设施对粪便实现无害化和充分发酵后，作为液肥供给周边农业种植使用。

黑灰水混合收集：将厕所粪污纳入农村生活污水处理系统，和生活杂排水一并通过下水道管网收集，进入集中污水处理设施，处理后达标排放；或通过下水道管网统一收集排入城市的污水处理厂。

● 完整上下水道水冲式厕所适用于哪些地区？

全国各地只要地质、地形条件合适，均可建设应用。主要适合城乡接合部、村民集中居住地、村民用水量较大的地区。

完整上下水道水冲式厕所对农村基础设施要求较高，一般要有完整的供水系统、下水道管网和集中处理设施。管网和处理设施的设计、建设都需要专业人员实施，后期的维护管理也需要专业人员，且需要持续的费用支持。因此要考虑当地的支付能力和支付意愿。

● 什么是真空负压厕所？

真空负压厕所是通过冲厕系统产生的气压差，以气吸形式把便器内的污物吸走，达到减少使用冲厕水、除臭的目的。真空负压厕所技术只是前端收集，需要与后端粪污处理技术相结合，减少污染物的排出和处理量。这种厕所常见于大型游船、飞机和快速列车等对用水和粪便储存有严格限制的环境中。

在农村改厕中，适用于以下地方：一是地质条件差的地方，不适宜开挖建设普通下水管道。二是地形受限的地方，如一些地方坡度不适于建普通下水管道。三是施工受限的地方，比如一些古村落、居住集中区域，容易破坏古迹和周围环境，不宜开挖建设。四是缺水地区，可以节约大量冲水。五是寒冷地区，真空技术的管道没有存水，可以防冻。

◉ 什么是无害化卫生旱厕?

无害化卫生旱厕是卫生旱厕的升级版,能杀灭或消除粪便的蛔虫卵等病原体,适合于缺水地区和寒冷地区使用。目前符合无害化要求的卫生旱厕包括粪尿分集式旱厕、双坑交替式旱厕、生物填料旱厕。

无害化卫生旱厕一般要添加细沙土、草木灰、干炉灰、秸秆粉末等覆盖,便于人粪不暴露、隔离臭味、减少蝇蛆,同时创造就地堆肥环境。新型的生物填料旱厕是一种生态旱厕,利用接种微生物菌剂的生物填料覆盖,在搅拌或静置的条件下加速粪便发酵降解,同时还有去除病原体的作用。

◉ 什么是生物填料旱厕?

生物填料旱厕是利用微生物消化粪便的特性,优选微生物菌种,接种在木屑或秸秆颗粒形成生物填料,放置在储粪池(仓)中与粪便混合,加快粪尿发酵、减少臭味异味产生,杀灭蛔虫卵和病原菌等病原体,实现粪便无害化,转化为有机肥料。

生物填料旱厕多为粪尿分集型,可做成一体化设备。有些产品还在储粪池(仓)中加入搅拌功能,加速微生物降解反应速度;有些产品无须耗电,直接将填料覆盖在粪便上,就地静态堆肥。

◉ 利用微生物技术的厕所有什么特点?

这种类型厕所比较适宜温暖地带,在寒冷、干燥地区,采取保温、保湿措施后也可以应用。其优点是不用水冲;无须下水道;一体化设备,安装方便;占地少,发酵快,残留少,基本无污染。缺点是需要添加微生物菌剂，高端产品还需要用木屑作为填料基质；具有较严格的温度和湿度要求；一些地区需要搅拌和加热保温，需要消耗一定的能源（电）。

◉ 其他类型的改厕技术还有哪些？

一是净化槽技术，起源于日本，是一种小型生活污水处理装置，可同时处理厕所粪污和其他生活污水。二是燃烧马桶技术，马桶通过电加热将大小便高温燃烧，实现快速脱水，燃烧后的灰分很少，不需要上下水。三是生物处理技术，利用黑水虻或蚯蚓对粪便进行分解处理，达到粪便的资源化利用。四是粪尿收集技术，对小便进行收集后，用于制药原料的提取，如尿激酶是一种溶栓药，尿促性素是一种促性腺激素类药；粪便可以提取一种益生菌制剂，用于治疗菌群失调。

◉ 干旱地区农村改厕要注意什么？

一是可考虑用免水冲或少水冲的改厕技术类型，如粪尿分集式、双坑交替式、生物填料旱厕等，也可选择循环用水冲的或节水的便器。二是选择造价适中、使用方便、维护简单的厕所，要适合农民的收入水平并满足农民的卫生需求。三是注重厕所的安全、卫生，旱厕改造要保证粪便无暴露和无害化，不会对生态环境造成污染。四是注意改厕的可持续性和粪污资源化利用。旱厕技术要保证具有可持续性，厕具品质坚固耐用，尽量选用粪污可资源化的改厕类型。

◉　寒冷地区农村改厕要注意什么？

一是应充分考虑采用厕所入室的方式，解决如厕舒适和厕所防冻问题。二是入室条件不具备的情况下，可选择卫生旱厕类型，如粪尿分集式、双坑交替式等类型。三是对有用肥需求的农户，要考虑农作物的施肥周期，适当扩大化粪池容积，延长清粪周期。四是使用生物填料旱厕、净化槽等微生物技术厕所，要考虑保持适宜的温度，综合考虑运行管理成本。五是对采用三格化粪池式厕所和双瓮（格）式厕所的，要尽量使用整体式、免组装的成型产品，并埋至冻土层以下。

◉　农村公共厕所建设需要注意哪些方面？

（1）方便村民。应根据区域经济发展水平、特点和村民习惯设置。一般每个行政村至少设置 1 处农村公厕，50～100 人的自然村也宜设置 1 个。使用人数少时，可设置单蹲位的厕所。按服务人口设置时，宜为 200～500 人 / 座，公厕服务半径不宜超过 500 米。

（2）合理确定厕所蹲位数及男女蹲位比例。一般公厕不需设置过多蹲位，女性与男性蹲位比不低于 3:2。

（3）合理选择公厕位置。应选在主要街巷、道口、广场、集贸市场和公共活动场所等人口较集中且方便到达的区域，具体位置应选择在地势较高、不易积水、村庄常年主导风向的下风口，还应便于维护管理、出粪和清渣。

（4）合理选用公厕类型。高寒干旱地区、供水保证率低的地区，宜选择使用方便、管理简单、卫生无味的无水冲厕所模式；供水条件较好、冬季受冰冻影响小以及防冻措施得当的条件下可以建设水冲式厕所，并建设一定容积的三格化粪池或污水处理设备处理污水。冬季应采取必要的防冻措施。

（5）厕所设计应与周边环境和建筑相协调，体现乡村气息和地方特色。可采用砖砌、石砌或其他地方常用的材料和结构建设，厕所应通风良好、有防蚊蝇措施。根据需要设置残疾人便器、儿童便器等辅助设施。

◉　为什么要提倡厕所入户进院及入室？

传统旱厕卫生条件差、臭味大，不少地区农户把户厕设置在距离住宅较远的位置，行动不便的老人及年龄较小的儿童如厕较为不便，晚上如厕更不安全，同时还会挤占村内公共空间，影响村庄公共环境。而卫生户厕具有较好的卫生条件和感官效果，且基本无臭无味，因此，新建厕所一般应设置在农户院内。同时，入室是最好的方式，方便、舒适、卫生，达到了厕所革命的目的，但要考虑农户实际情况，做好后续管理。

◉　农户如何选择坐便器和蹲便器？

坐便器，俗称马桶，主要包括冲落式和虹吸式两种类型。冲落式坐便器是利用水流的冲力来排走污物，是最传统、最流行的一种中低档卫生器具，价格便宜，用水量小。虹吸式坐便器是第二代产品，这种便器是借冲洗水在排污管道内充满水后所形成的一定吸力（虹吸现象）将污物排走，冲水效果好，用水量大。

蹲便器又分为分体式和连体式。分体式蹲便器自身不带存水弯，安装方便、水流量大、冲力足，不足之处是难清洁，须在排水管上加设防臭装置。连体蹲便器自带存水弯，能在存水弯拐弯处，造成一个"水封"，防止下水道的臭气倒流。缺点是当冲水量较小时容易堵塞，且不易疏通。使用蹲便器时人体不与便器直接接触，减少接触各种病原体的机会，而且成本较低，是农村改厕使用的主流便器，缺点是体弱的老人、小孩及残障人士使用不方便。

　　农户应该根据厕所类型、气候条件、供水条件、经济能力及使用习惯等因素选择坐便器和蹲便器。三格式、双瓮式厕所，可以选择蹲便器和高压冲水器；有老人或儿童使用时，宜选择自助冲水按钮的坐便器，但注意选用节水便器，不可大量冲水。

◉　怎么做到文明如厕？

　　文明如厕是文明礼仪的一部分，尤其是公共厕所。一是要自觉做到有序如厕，礼让为先。二是如果是封闭厕间，如厕先敲门或看提示。三是找准位置，便后及时冲洗。四是节约用水、用纸。五是不乱吐乱扔，不乱刻乱画，爱护厕所公共设施和公共卫生。六是便后洗手。

◉　厕所内有臭味怎么办？

　　一是开窗通风或风扇通风。二是找出臭味来源，采取措施；如果是下水道反味，盖严便器，安装便器遮味器，排气管保持通畅。三是平时使用，注意粪尿不要溅洒在便器外，及时冲厕无残留。四是粪渍、尿垢要经常清洗，保持干净。五是可适当采用清凉油、花露水、香水以及活性炭吸附等方式，去除臭味。

◉ 户厕如何进行日常清理？

一是保持厕所内环境卫生，加强日常打扫清理，保持地面、墙壁清洁，附属器具完好。二是及时清理便器内粪渍、尿垢，不将杂物丢入便器、厕坑或化粪池。三是保持厕所内通风良好，无臭味、无蝇蛆。四是粪池使用完好，没有粪便暴露。五是粪池满时及时清掏粪液、粪渣，无粪液溢流。六是保持粪池无渗漏，损坏了及时维修。

◉ 厕所粪污资源化利用的主要方式有哪些？

一是粪污肥料化利用。已经实现无害化的粪液、尿液，可以直接施用，堆肥型厕所产生的堆肥产物取出后也可直接作为有机肥料使用。二是粪污能源化利用。主要是对粪污进行厌氧发酵后产生沼气，可以用于做饭、照明、洗澡等，节约能源；另外还可以对粪渣、污泥等以无污染方式焚烧、发电利用。三是其他利用方式。如：在粪便中加入含碳量较高的稻草或秸秆调节碳氮比，再添加适当的无机肥料、石膏等进行堆制，就可成为培养基用来栽培食用菌。还有利用人尿提取尿激酶，尿激酶是一种溶栓药，能促使纤溶酶原转化为纤溶酶，使血栓中的纤维蛋白溶解。

◉ 农村公共厕所怎么管护？

一是要制定管理维护规范制度。二是要明确厕所管护标准，明确责任人。三是要有维护资金支持，组织专门人员看护，建立规范化的运行维护机制和监督机制。四是要对维护相关人员开展必要培训，也可组建或聘用社会化、专业化、职业化服务团队。五是要充分运用市场经济手段，探索推广"以商建厕、以商养厕"模式，确保管理维护到位。

⦿ 农村改厕过程中常见问题有哪些？

1. 厕所选址与操作方面

（1）具备进院入室条件的地方，厕所未进院入室，远离住宅。

（2）改厕简单化，就地改旱厕。

（3）尚未启动或未完成改厕，便先行拆除旱厕，造成农民无厕可用。为了拆旱厕，建公厕，以公厕代替户厕。

（4）有的不顾群众意愿，没有选择合适的侧屋作厕所，有的甚至在农户堂屋中改建厕所。

（5）将厕所建在危房里，导致安全隐患。

（6）片面理解进院入室的要求，无视能方便利用现有房屋，硬性规定要在院内另外选址建厕所，否则不予改厕。

2. 厕所施工和产品质量方面

（1）厕具（水箱、便池等）、管道、化粪池等改厕产品不达标，有的甚至直接使用非标产品，导致改厕不能用不好用。

（2）一体化三格式化粪池挡板密封不严，三格形同一格，发酵不充分，达不到无害化效果。

（3）一体化三格式隔板材料厚度薄、材质差、不抗压、易破损。

（4）三格式化粪池有的过粪管缺失，有的过粪管安装错位、有的过粪管长度不够。

（5）砖砌式化粪池未按施工规范操作，防渗漏措施不到位。

（6）一体化化粪池产品安装不规范，回填土机械操作，易出现挤压变形等问题，有的甚至撞击导致化粪池破碎。

（7）化粪池水泥盖板开裂或塑料盖板破碎。

（8）砖砌三格化粪池方盖圆口和圆口方盖，导致密封不严；塑料池桶螺钉紧固不牢或者旋转不紧。

（9）垫层厚度不够，没找平，一体化三格及瓮体错位，出现沉降或者倾斜。

（10）一体化三格化粪池填压不规范，或者未按标准注入清水，导致池体漂浮。

（11）瓮穴靠墙挖掘较深，导致房墙地基不稳。

（12）排气管安装不规范，有的未贴墙，有的未安装防水帽，有的高度不够。

（13）化粪池三格设置不规范，有的只有两格，有的没有规范设置清掏孔。

（14）安装不规范导致密封性不好，易串味。

（15）没有专业的施工队伍，施工人员缺乏专业培训，没有按规范施工。

（16）化粪池选址不科学，甚至出现在水池边建设化粪池。

（17）便器至化粪池连接管过长，易冻地区未采取防冻措施。

3. 厕所运维管护方面

（1）三格化处理后的粪水粪渣没有及时解决，池满任其溢出或接管直接外排。

（2）村庄公厕的管理维护不到位，存在脏乱差等问题。

（3）群众将洗浴、厨房等生活污水一并排入化粪池，导致粪污达不到无害化处理标准。

（4）没有开展必要的宣传，群众对新式厕所的使用和管护知识缺乏。

（5）卫生厕所没有专业的维护队伍，缺乏配件，损坏后，无法得到及时修理。

4. 群众参与方面

（1）在蹲便器和坐便器选择上没有主动征求群众意见。

（2）厕所及化粪池选址没有充分和群众协商沟通。

（3）有的地方改了厕所，但没有要求群众接通自来水，水箱成了摆设。

（4）新建厕所未通自来水，群众用水不方便，导致弃用。

（5）受传统生活观念与习惯影响，有的农民群众认为水冲式厕所用起来"不习惯"，花钱费功夫改造不值得；有的仍习惯使用公共旱厕，家里的新式厕所成摆设。

5. 统筹管理方面

（1）招标文书中未对产品及施工质量提要求或表述不规范不全面。比如厕具技术参数等，导致设备材料质量不达标，安装使用时出现问题。

（2）未严格按照标准对采购的厕具进行逐项验收，导致产品以次充好、蒙混过关。

（3）没有组织开展改厕产品的试验示范，为追求进度而立即开展推广工作。

和美

第三编 | 叁

农村生活污水治理

◉　什么是农村生活污水?

　　农村生活污水是指农村居民生活过程中产生的污水, 主要来源有粪尿、洁具冲洗、洗浴、洗衣、厨房用水、房间清洁用水等。农村生活污水具有排放范围广、水质波动大、污染物含量较高的特点。

◉　农村生活污水的主要污染物有哪些?

　　(1)固体污染物。主要包括悬浮物、胶体状杂质、溶解性杂质等。其会造成水体外观恶化、浑浊度升高、改变水的颜色。

　　(2)有机污染物。主要包括生化需氧量、化学需氧量、总需氧量、总有机碳等。排入水体中的有机污染物含量较高, 会大量消耗水中的溶解氧, 这时有机污染物便转入厌氧腐败状态, 产生硫化氢、甲烷等还原性气体, 使水中动植物大量死亡, 而且可使水体变黑变浑, 产生恶臭。

　　(3)油类污染物。包括石油类和动植物油。绝大部分石油类物质比水轻且不溶于水, 一旦进入水体就会漂浮于水面, 并迅速扩散形成油膜, 从而阻止大气中的氧气进入水体, 对水生生物的生长造成不利的影响。当水中含油量为 $0.01 \sim 0.1$ 毫克/升时, 对鱼类和水生生物就有危害。而且石油类物质含有多种有致癌作用的成分, 通过食物链富集, 最终进入人体, 对人体健康产生危害。另外, 水中乳化油和溶解态油可被好氧微生物分解成二氧化碳和水, 分解过程中会消耗水中的溶解氧, 使水体呈缺氧状态且酸碱度下降, 严重影响鱼类和水生生物生存。

　　(4)生物污染物。主要指污水中的致病性微生物, 包括致病细菌、病虫卵和病毒等。生物污染物在水中会使有机物腐败、发臭,引起水质恶化，威胁人的身体健康，影响正常的生命活动。

（5）营养性污染物。包括氮、磷、钾、铵盐等。这些营养物质进入河流、湖泊、海湾等缓流水域，是导致藻类和其他浮游生物迅速繁殖的主要因素之一，会引起水体溶解氧含量下降，水质恶化。

（6）感官性污染物。指污水中能引起异色、浑浊、泡沫、恶臭等现象的物质等。

◉ 农村生活污水有哪些特征?

（1）来源广泛。农村生活污水包括冲厕水、洗涤水、洗浴水和厨房排水等。

（2）难以收集。农村居民居住分布广泛且较为分散，造成污水分散排放，多数村庄无污水排放管网，污水收集率低，以直接排放为主，污水沿道路边沟或路面排放至就近的水体。

（3）排放量大。随着城镇化进程加快，农村常住人口逐年减少，虽然农村生活污水排放量呈现降低趋势，但排放量依然非常巨大，2018年农村生活污水累计排放136.7亿立方米。

（4）处理率低。我国农村污水处理率较低，2016年，村镇污水处理率仅为22%。大量农村生活污水未经处理排出，已成为农村湖泊和河流富营养化等环境污染的主要原因之一。

（5）产生量区域差异大。我国东北、华北、东南、西北、西南、中南等地区农村生活用水量和排水量差异显著，呈现经济发达地区高于经济落后地区，南方地区高于北方地区的趋势。

（6）水量日变化系数大。农村生活污水排放量出现早、中、晚3个峰值，日变化系数为3.0～5.0，约为城镇污水排放量变化系数的2倍。

◉ 农村生活污水的水质指标包括哪些?

（1）物理性指标。包括总固体量、悬浮固体或悬浮物、臭味、水温、色度等。

（2）化学性指标。包括酸碱性（pH 值）、化学需氧量（COD）、生化需氧量（BOD）、总氮（TN）、硝酸盐氮、亚硝酸盐氮、总磷（TP）、油和油脂、重金属等。其中：

化学需氧量（COD）是指在酸性条件下，用强氧化剂将水中的还原性物质（主要是有机物）完全氧化所消耗的氧化剂量，是表示水中还原性物质多少的一项指标，以通过换算得到的单位体积水消耗的氧量（单位：毫克／升）表示，是反映水中有机物含量的指标。其值越大，说明水体受有机物的污染越严重。

生化需氧量（BOD）是在水温 20℃、有氧条件下，由于好氧微生物（主要是细菌）的代谢活动，将水中可生化降解的有机物氧化分解所消耗的溶解氧量，单位是毫克／升。生化需氧量的大小能反映水体中有机物质含量的多少，反映水体受有机物污染的程度。如果进行生物氧化的时间为 5 天就称为五日生化需氧量（BOD5）。其值越高，说明水中有机污染物质越多，污染也就越严重。

总氮（TN）指水中一切含氮化合物以氮计量的总和，由有机氮、氨氮、硝态氮和亚硝态氮组成。

总磷（TP）指水体中各种形态磷的总称，包括可溶性有机磷和无机磷。

（3）生物学指标。包括细菌总数、大肠菌群数等。

◉ 什么是"黑水"和"灰水"？

"黑水"主要指冲洗厕所粪便产生的高浓度生活污水。"灰水"是指除冲厕所用水以外的厨房用水、洗衣和洗浴用水等低浓度生活用水。

◉ 农村生活污水中的氮、磷主要来自哪儿？

农村生活污水中的氮主要来源于洗涤污水和厕所污水，其中：洗涤污水占生活污水总量的 50%以上，含大量的氮、磷等元素，是氮的主要来源。厕所污水是氮、磷、COD、细菌、病毒的主要贡献者。

农村生活污水中的磷主要来源于含磷洗衣粉洗涤废水、厕所粪尿及食物残渣等。

◉ 含磷洗涤用剂的危害有哪些？无磷洗涤用剂有哪些好处？

目前，我们使用的洗涤用品有些是含磷产品。磷是一种高效助洗剂，含磷洗衣粉中含有的聚磷酸盐，在清洗衣物后，污水排放到河流湖泊中，水中磷含量升高，水质趋向富营养化，导致各种藻类、水草大量滋生，水质混浊，水体缺氧，使鱼虾等水生物死亡；长期使用含磷、含铝洗涤剂会直接影响人体对钙的吸收，导致人体缺钙或诱发小儿软骨病；同时，含磷洗涤剂多呈碱性，长期使用皮肤会产生烧灼感。而无磷洗衣粉一般以天然动植物油脂为活性物，并复配多种高效表面活性剂和弱碱性助洗剂，可保持高效去污无污染，对水中生物无危害，降低水体污染风险。

◉ 我国农村生活污水的污染情况怎么样？

农村生活污水排放造成的环境污染日趋严重。据测算，2021年我国乡村人口为4.98亿人，农村居民人均日生活用水量83升，排放系数按0.8估算，全年农村生活污水累计排放120.7亿立方米。同时，我国农村污水处理率较低，2021年村镇污水处理率仅为28%，远低于城镇97.9%以上的污水处理率。未经处理的农村生活污水自流进入河流、湖泊和池塘等地表水体或渗入地下，严重超过水体自净能力，已成为引发河、沟、塘、池等水体富营养化或黑臭的主要原因之一。同时，生活污水也是疾病传播扩散的源头，容易造成地区传染病和人畜共患病的发生与流行。

◉ 为什么要治理农村生活污水？

一是缓解水资源短缺的需要。当前，我国农村地区，特别是北方农村地区面临水资源缺乏问题，农村生活污水随意排放造成水资源浪费，需要利用技术手段处理农村生活污水，实现水资源循环利用，有效缓解水资源短缺矛盾。

二是改善农村生态环境的需要。随着农村居民生活水平不断提升，农村生活污水排放量日益增加，大量生活污水进入河湖池塘和耕地土壤，严重污染周边生态环境，迫切需要加强农村生活污水处理，完善相应配套设施，改善农村卫生环境，为农村生活打造更为健康和谐的生态环境。

三是全面推进乡村振兴的重要举措。全面推进乡村振兴，生态宜居是关键，加强农村生活污水处理，改善农村生产环境、生活环境和生态环境，改善农村居民生活质量，满足他们对美好生活向往的需求，是建设宜居宜业和美乡村的必然要求。

◉ 农村生活污水处理的总体要求是什么？

农村生活污水治理，要以改善农村人居环境为核心，坚持从实际出发，因地制宜采用污染治理与资源利用相结合、工程措施与生态措施相结合、集中与分散相结合的建设模式和处理工艺。推动城镇污水管网向周边村庄延伸覆盖。积极推广易维护、低成本、低能耗的污水处理技术，鼓励采用生态处理工艺。加强生活污水源头减量和尾水回收利用。充分利用现有的沼气池等粪污处理设施，强化改厕与农村生活污水治理的有效衔接，采取适当方式对厕所粪污进行无害化处理或资源化利用，严禁未经处理的厕所粪污直排环境。

◉ 对农村生活污水处理排放的控制指标和排放限值有哪些要求？

农村生活污水处理设施出水排放去向可分为直接排入水体、间接排入水体、出水回用三类。

出水直接排入环境功能明确的水体，控制指标和排放限值应根据水体的功能要求和保护目标确定。出水直接排入Ⅱ类和Ⅲ类水体的，污染物控制指标至少应包括化学需氧量、pH、悬浮物、氨氮等；出水直接排入Ⅳ类和Ⅴ类水体的，污染物控制指标至少应包括化学需氧量、pH、悬浮物等。出水排入封闭水体或超标因子为氮磷的不达标水体，控制指标除上述指标外应增加总氮和总磷。

出水直接排入村庄附近池塘等环境功能未明确的小微水体，控制指标和排放限值的确定，应保证该受纳水体不发生黑臭现象。出水流经沟渠、自然湿地等间接排入水体，可适当放宽排放限值。出水回用于农业灌溉或其他用途时，应执行国家或地方相应的回用水水质标准。各省（区、市）可在上述要求基础上，结合污水处理规模、水环境现状等实际情况，合理制定地方排放标准，并明确监测、实施与监督等要求。

◉ 什么是水体富营养化？

水体富营养化是指由于人类生活和生产劳动，导致大量含氮、磷等进入河、湖、海湾等缓流水体，引起藻类及其他浮游生物迅速繁殖，水体溶解氧量下降，水质恶化，鱼类及其他生物大量死亡的现象。

◉ 水体富营养化的主要危害有哪些？

（1）破坏水体生态环境。水体富营养化发生后，水体透明度降低，阳光难以穿透水层，从而影响水中植物的光合作用，造成溶解氧的过饱和状态，造成水体水质恶化，对水生动植物构成危害。同时，底层堆积的有机物质在厌氧条件下，分解产生硫化氢等有害气体，使水质进一步恶化，导致鱼虾等动物死亡。

（2）污染饮用水源。河流、湖泊、水库等地表水是人类重要的饮用水源。水体中藻类的大量繁殖与腐坏使水质恶化，藻类产生的毒素会严重威胁人类健康。

（3）影响自然景观。水体富营养化使水质恶化发臭，严重影响自然景观，同时，水体富营养化会堵塞航道，影响航运，使旅游型水体丧失旅游价值。

◉ **农村生活污水直接排放会引起水体富营养化吗?**

会。人类生活过程中产生的冲厕水、洗浴水、洗衣水、厨房用水等农村生活污水中含有大量的氨、磷等营养元素。大量未经处理的农村生活污水,直接排入地表水体后,过量氮磷等营养元素的输入会加速水体富营养化进程。

◉ **农村生活污水可以直接灌溉农作物吗?**

不可以。虽然农村生活污水中含有氮、磷、钾等农作物需要的养分元素,但如果农村生活污水长期过量灌溉农田,很有可能造成土壤中氮、磷等含量超标。此外,生活污水中亦含有一些清洁剂或者其他化学药剂甚至重金属,会间接对土壤及农作物造成损害。

◉ **我国农村生活污水治理存在哪些问题?**

(1)农村生活污水排放标准、处理技术规范尚不健全。农村生活污水处理系统化、规范化、标准化程度低,出台的一些技术规范缺乏必要的科学验证,技术参数、经济参数及接受度有待认证。目前我国还没有出台国家层面相关生活污水处理排放标准,虽然部分省市出台了地方农村生活污水处理排放标准,但也只是简单套用城镇污水处理标准。在设计和建设上几乎无标准与规范可循,工程设计只能参考其他相关规范进行。

(2)缺少适宜不同区域特点的农村生活污水处理实用技术。我国农村环境问题区域差异性显著,虽然积累了大量村镇污水处理技术,但缺少符合区域特点的农村污水处理实用落地技术,导致一些技术在本地化应用过程中出现问题,如人工湿地技术在北方出现冬季保温越冬难问题、南方水网地区农村污水处理排放氮、磷过高问题、农村污水水力负荷冲击大，活性污泥法不能使用问题等。

（3）缺少农村生活污水治理长效运行和管理机制。我国大部分农村污水处理设施普遍存在"建得起，转不起""重建设、轻管理"现象，主要表现为污水处理设施运行、维护资金无保障；缺乏完善的监督考核机制、激励奖惩机制、公众参与机制、宣传推广机制；缺乏专业技术人才等方面，难以形成长效运行机制。

◉ 农村黑臭水体怎么治理？

治理农村黑臭水体，要采取控源截污、垃圾清理、清淤疏浚、水体净化等综合措施恢复水生态。建立健全符合农村实际的生活垃圾收集处置体系，避免因垃圾随意倾倒、长年堆积、处理不当等造成水体污染。推进畜禽养殖废弃物资源化利用，大力推动清洁养殖，加快推进肥料化利用，推广"截污建池、收运还田"等低成本、易操作、见效快的粪污治理和资源化利用方式，实现畜禽养殖废弃物源头减量、终端有效利用。实施农村清洁河道行动，建设生态清洁型小流域，鼓励河湖长制向农村延伸。

◉ 农村生活污水处理模式有哪些？

综合考虑村庄规模、人口数量、聚集程度等因素，农村生活污水处理技术包括分散处理模式、村落集中处理模式和纳入城镇排水管网3种模式。

分散处理模式是指单户或几户住户的污水就近处理，通常采用小型污水处理设备或自然处理等形式，适用于人口居住分散，无法集中收集污水的地区。

村落集中处理模式是指通过在村内铺设污水管网，将污水收集到污水处理站后集中处理。这种模式适用于村庄布局相对密集、规模较大、地势平缓、经济条件好的单村或联村污水处理。

村镇污水纳入城镇排水管网处理模式是指城镇近郊区的村庄，通过管网将污水输送至城镇污水处理厂统一处理。

◉ 什么是小型一体化污水处理设备？

小型一体化污水处理设备是集农村污水预处理、二级处理和深度处理设备于一体的中小型污水处理技术装置。从功能上可分为只处理粪便污水的单独型和统一处理厨房排水、洗衣排水和浴室排水等合并处理型两种类型。单独处理装置可分为腐化池和延迟曝气池；合并处理装置可分为洒水滤池式、高速洒水滤池式、延时曝气式、循环水道曝气式、标准活性污泥法、分流曝气式、接触氧化法、污泥再曝气式、标准洒水滤池式、膜生物反应器、膜分离净化装置等。

小型一体化污水处理设备的优点是构筑物少、占地面积小、基建费用低、无须建厂房，可有效地缓解农村用地紧张问题；操作简便、效果好、使用寿命长；设备可随地形需要进行灵活布置，实现小流量的就近处理，显著减少管道敷设工作；对周围环境无影响、污泥产生量少、噪声小；无需专人管理。

◉ 农村生活污水处理技术有哪些类型？

（1）生物反应器处理技术。这是人工构筑特定钢筋混凝土或砖砌反应器结构，并在反应器内接种微生物，通过微生物的分解、代谢作用，降低污水中污染物的污水处理技术。包括厌氧处理技术（地埋式厌氧池、厌氧滤池、上流式厌氧污泥床等）、活性污泥法（传统活性污泥法、序批式反应器、氧化沟等）、生物膜法（接触氧化法、生物滤池）等。近年来，开发了不少以常规技术原理为核心的一体化成套污水处理设备用于农村生活污水处理，如净化槽技术等，具有占地面积小、处理效率高的特点，在农村人口密集、水量较大的地区应用具有独特优势。另外，膜生物反应器等污水处理新技术也可用于农村生活污水处理。

（2）自然处理技术。主要是利用农村农户周围的池塘、低洼地等生态资源，运用植物—微生物联合修复作用、土壤吸附与渗滤、植物吸收、动物摄食等机制，去除农村生活污水中有机物、氯、磷的处理技术。目前常见的有土地渗滤、人工湿地、氧化塘等。自然处理技术投资与运行成本低、管理方便、农村居民易接受，是我国农村应用较广的生活污水处理技术。

◉　农村生活污水治理技术选择坚持什么原则？

（1）因地制宜。乡镇和中心村生活污水治理模式选择时应根据村、镇所处区位、人口规模、聚集程度、地形地貌、地质特点、气候、排水特点、排放要求和经济水平等，通过技术经济分析和比较，采用适宜的污水收集模式和处理技术。

（2）接管优先。靠近城区且满足城市污水收集管网接入要求的乡镇，污水宜优先纳入城区污水收集处理系统。靠近镇区且满足乡镇污水收集管网接入要求的中心村，污水宜优先纳入镇区污水收集处理系统。

（3）分类处置。对人口规模较大、聚集程度较高、经济条件较好的乡镇政府驻地、中心村，宜通过敷设污水管道集中收集生活污水，采用常规生物处理技术进行处理。对人口规模较小，居住较为分散，地形地貌复杂的村落，宜就地就近收集处理农户生活污水。

（4）资源利用。充分利用当地地形地势、可利用的水塘及闲置地，提倡采用生物生态组合处理技术实现污染物的生物降解和氮、磷的生态去除，降低能耗，节约成本。结合当地农业生产，加强生活污水削减和尾水的回收利用。

（5）经济适用。污水处理工艺的选择应与乡镇和中心村的经济发展水平，居民的经济承受能力相适应，力求处理效果稳定可靠、运行维护简便、经济合理。

（6）循序渐进。乡镇和中心村生活污水处理技术的选择应根据当地的经济承受能力和自然生态条件等循序渐进地建设，必要情况下考虑分期实施。

● 农村生活污水分散处理怎么运行？

农村生活污水分散处理包括单户型处理和多户型处理两种形式，单户型处理是建设农户住宅化粪池并建设户内排水管道，各类污水收集进入"化粪池＋人工湿地"处理后就近排放。多户型处理是根据当地农户住宅情况，在房屋密度大，房屋周围几乎没有可利用的闲置土地的情况下以2～5户共用一个人工湿地的联户处理方案。

分散处理主要采用成品化"粪池＋生态湿地"工艺流程。化粪池建造应尽量接近厕所，以免污物堵塞管道。若能保证粪便污水不堵塞管道，也可多户共用一个化粪池。为提高出水排放标准，可根据用地情况将化粪池出水经人工湿地进行深度处理。注意定期对化粪池和人工湿地进水口的杂物进行清理，注意防止人工湿地的杂草、病虫害，及时收割换茬。

◉ 什么是化粪池技术？

化粪池是一种利用沉淀和厌氧微生物发酵的原理，以去除生活污水中悬浮物、有机物和病原微生物为主要目标的小型污水初级处理构筑物。化粪池技术是农村最普遍的一种分散污水处理技术（初级处理）。

化粪池的优点是结构简单、易施工、造价低、维护管理简便、无能耗、运行费用省、卫生效果好。缺点是沉积污泥多，需定期进行清理；沼气回收率低，综合效益不高；化粪池处理效果有限，出水水质差，一般不能直接排放水体，需经后续好氧生物处理单元或生态技术单元进一步处理。

化粪池可作为临时性或简易的排水措施，亦可用作污水处理系统的预处理设施，对截流和沉淀污水中的大颗粒杂质，防止污水管道堵塞，减少管道埋深起到积极作用。同时，池底沉积的污泥可用作有机肥。

◉ 化粪池有哪些类型？

目前，化粪池类型主要有三格化粪池、改良型化粪池、立体多槽式化粪池、好氧曝气式化粪池、灭菌化粪池、带提升泵的密封化粪池装置等。

三格化粪池由相连的三个池子组成，中间由过粪管连通，主要是利用厌氧发酵、中层过粪和寄生虫卵比重大于一般混合液比重而易于沉淀的原理，粪便在池内经过 30 天以上的发酵分解，中层粪液依次由一池流至三池，以达到沉淀或杀灭粪便中寄生虫卵和肠道致病菌的目的，第三池粪液成为优质化肥。

改良型化粪池由腐化槽、沉淀槽、过滤槽、氧化槽和消毒槽组成。污水经腐化槽腐化分离后，再经沉淀、过滤和氧化，最后经消毒后排出，沉淀污泥则定期清掏。

立体多槽式化粪池是将各槽分格叠置，以节约用地，分为合置式和分置式两种。合置式立体化粪池是将各槽设置在同一圆槽内，腐化槽设在氧化槽的上部，污水进入腐化槽腐化分离，经过滤、沉淀，再经过氧化、消毒后排水。分置式立体化粪池是将腐化槽和过滤槽设在一起，氧化槽、消毒槽分别另设。污水进入腐化槽后，污泥下沉，污水则进入沉淀槽，再经过滤、氧化，最后经消毒后排出。

好氧曝气式化粪池是利用好氧曝气的方式来处理有机物。污水首先由污染物分离槽进行预处理，将粗大颗粒物分离出去，然后在曝气室中曝气分解有机污染物，再经沉淀分离，最后清液经消毒后排出。这种化粪池的污水停留时间很短（2～4 小时），出水水质稳定，池子容积较小，但运行和管理费用较高。

灭菌化粪池由工作室、操作室、加热管、闸门和水泵组成。污水首先进入第一工作室进行泥水分离，清水排入排水井，污泥排入第二工作室继续分离。操作室是供加温消毒沉渣用的。关闭闸门、打开气阀，将水和沉积物中的细菌含量降低 60% 左右，并可全部杀死虫卵。消毒后的污泥用水泵排出，第二工作室中未经消毒的污泥再返回第一工作室进行重复处理。灭菌化粪池构造比较复杂，运行管理费用较高，但能够有效地消除病菌、杀死虫卵，对传染病流行地区或医院粪水处理尤其适用。

带提升泵的密封化粪池装置本身带有提升泵和密封化粪箱，粪便污水在密封化粪箱中沉淀分离，再由提水泵将清水抽送至城市排水管网。这种装置特别适用于有地下室的构筑或人防工程。

◉ 化粪池的建设管理应注意哪些问题？

化粪池的选址要选择距村庄内饮用水源（包括饮用水管）30米以上、地下水位较低、不容易被洪水淹没、在上风方向和方便使用的地方建设。建设中要注意防渗漏，池壁、池底要用不透水材料构筑，严密勾缝，内壁要用符合规范的水泥砂浆粉抹。建成后注入清水观察证明不漏水才能使用。进粪口要达到粪封要求，注意准确测定粪池的粪液面，粪液面是过粪管（第一、第二池之间）上端下缘的水平线位置，进粪管下端要低于此水平线下20～30毫米。

化粪池日常管理包括：防止进粪口的堵塞；定期检查第三格的粪液水质状况（COD、SS、TN、TP等），特别要关注悬浮物含量，过高时要求在预处理过程给予特殊处理；定期清理第一、第二格粪池粪皮、粪渣，清除的粪皮、粪渣及时与垃圾等混合高温堆肥或者清运作卫生填埋；经常检查出粪口与清渣口的盖板是否盖好，池子损坏与否、管道堵塞等情况，并及时做好维修工作。

◉ 什么是人工湿地？

人工湿地是在一定长、宽比及底面具有坡度的洼地中，填装砾石、沸石、钢渣、细沙等基质混合组成基质床，床体表面种植成活率高、吸收氮磷效率高的芦苇等水生植物，污水在基质缝隙或者床体表面流动的、具有净化污水功能的人工生态系统。

◉ 人工湿地处理技术有哪些优点和不足？

人工湿地处理技术的优点：一是运行费用低。在有一定地形高差的区域，人工湿地运行完全不需耗能，也无须投加任何药剂。二是维护技术要求低。对于正常运行的人工湿地，其日常维护仅为进水、出水、水管清淤、植物收获、除杂草等简单工作，不需要专人维护。三是处理效果好。只要按规范设计、施工，人工湿地处理系统出水效果稳定，出水水质好，耐冲击负荷能力强，可以满足现有国家污水排放要求。四是景观效果好。可与周边环境有机协调，不同的湿地植物合理搭配，与周围自然景观融为一体。

人工湿地处理技术的不足：一是占地面积大。由于人工湿地依赖于自然处理，负荷低，当水量较大时，其占地相当可观。如当地无合适的绿地、废弃塘池等可利用，建造人工湿地将会占用大量土地，限制了该技术的推广应用。二是易受病虫影响。当湿地植物选择不当时，病虫害会影响植物生长，进而影响人工湿地污水处理效果。三是工作机制复杂。设计运行参数难以量化计算，这给在水质水量、地理、气候条件复杂的农村地区开展人工湿地工程设计带来了一定的困难，常常由于设计不当使出水达不到设计要求或不能达标排放，有的人工湿地反而成了污染源。

◉ 人工湿地主要包括哪些类型？

按照污水流经方式不同，人工湿地通常分为表面流人工湿地和潜流人工湿地两种类型。按照污水在湿地中水流方向不同，潜流人工湿地又可分为水平潜流型人工湿地、垂直潜流型人工湿地、垂直流与水平流组合的复合型潜流人工湿地3种类型。

表面流人工湿地：水面在湿地基质层以上，水深一般为0.3～0.5米，流态和自然湿地类似。

水平潜流型人工湿地：水流在湿地基质层以下沿水平方向缓慢流动。

垂直潜流型人工湿地：污水一般通过布水设备在基质表面均匀布水，垂直渗透流向湿地底部，在底部设置集水层（沟）和排水管。

复合型潜流人工湿地：水流既有水平流也有垂直流，水平流和垂直流组合形式多样。

◉ 常见的人工湿地植物有哪些？如何选择？

人工湿地植物可分为挺水植物、浮水植物和沉水植物三种。挺水植物常见的有美人蕉、菖蒲、芦苇、再力花、水葱、灯芯草、千屈菜、纸莎草、花叶芦竹等；浮水植物常见的有浮萍、睡莲、水葫芦、水芹菜、李氏禾、水薙菜、豆瓣菜等；沉水植物常见的有软骨草属、狐尾藻属和其他藻类等。

选择湿地植物时，一是尽量选用当地常见植物。二是选择耐污除污能力强的植物。三是选用根系发达的植物。四是选用生长周期长的多年生植物。五是选用景观较好的植物，如荷花、芦苇、菖蒲、美人蕉等。

◉ 人工湿地如何设计施工？

人工湿地的设计可参考《人工湿地污水处理技术导则》。应当根据实际情况因地制宜进行设计和运行。设计时首先确定污水的水量和水质，并根据当地的地质、地貌、气候等自然条件选择合适的人工湿地类型，然后根据相应的湿地类型进行设计。设计主要涉及以下几个方面：污染负荷、湿地面积、湿地床结构、基质材料选择、植被选择、水力状况、进水和排水周期等。

人工湿地在建设过程中涉及的建筑材料主要包括砖、水泥、卵石、碎石、沙子、土壤等。人工湿地的施工主要包括土方的挖掘、前处理系统的修建、土工防渗膜的铺装、布水管道的铺设、基质材料的填装、土壤的回填和植物的种植。在施工过程中要合理安排施工顺序，严格按照湿地设计中配水区、处理区和出水集水区中各种基质材料的粒径大小，分层进行施工。

◉ 村落生活污水集中处理怎么运行？

村落生活污水集中处理按照流程一般分为三个阶段，实际使用中可根据具体排放要求，采用其中一个阶段或多个阶段联用。

第一阶段是以格栅、化粪池作为处理单元，主要去除大部分悬浮颗粒物和部分有机物，这一阶段一般作为后续阶段的预处理单元。

第二阶段是以装配式污水处理设备、接触氧化池、生物滤池、稳定塘等作为常用工艺，可以大幅去除污水中呈胶体和溶解状态的有机性污染物质和部分氮磷等。

第三阶段是以人工湿地、生态沟渠、土地处理、生物浮岛等作为常用工艺，可进一步去除第二阶段未能降解的有机物和氮、磷等能够导致水体富营养化的可溶性无机物。

◉ 什么是格栅？

　　格栅是拦截污水中较大尺寸漂浮物或其他杂物的设备，由一组平行的金属栅条或筛网制成，安装在污水处理厂的前端。按照栅条间隙分为粗格栅和细格栅；按清渣方式分为机械格栅和人工格栅。污水处理系统或水泵前，必须设置格栅。一般污水处理工艺设置两道格栅，污水先经粗格栅，再过细格栅。粗格栅采用机械清除时的栅条间隙宽度宜为 16～25 毫米，采用人工清除时宜为 25～40 毫米；细格栅宜为 3～10 毫米。污水过栅流速宜采用 0.6～1.0 米 / 秒。

◉ 什么是装配式污水处理设备？

　　装配式污水处理设备为一体化设备，其采用的主要工艺模式有 A2O 工艺、序批式活性污泥法（SBR）工艺、生物接触氧化工艺、生物滤池工艺等。

◉ 什么是生物滤池？

　　生物滤池是由碎石或塑料制品填料构成的生物处理构筑物，污水与填料表面上生长的微生物膜间隙接触，使污水得到净化。生物滤池的性能特点：一是处理效果非常好，在任何季节都能满足各地最严格的环保要求。二是不产生二次污染。三是微生物能够依靠填料中的有机质生长，无须另外投加营养剂。四是缓冲容量大，能自动调节浓度高峰使微生物始终正常工作，耐冲击负荷的能力强。五是运行采用全自动控制，非常稳定，无须人工操作。六是池体采用组装式，便于运输和安装；在增加处理容量时只需添加组件，易于实施；也便于气源分散条件下的分别处理。七是能耗非常低，在运行半年之后滤池压力损失也只有 500 帕左右。

◉ 什么是稳定塘？

稳定塘，又名氧化塘或生物塘，是以自然池塘为基本构筑物，通过自然界生物群体如微生物、藻类水生动物净化污水的处理设施。污水在塘中的净化过程与自然水体的自净过程相似，污水在塘内长时间储留，通过塘内生物吸收、分解污水中有机物、氨、磷等污染物。

稳定塘的优点是能充分利用地形，结构简单，建设费用低；可实现污水资源化和污水回收及再用，实现水循环，既节省了水资源，又获得了经济收益；处理能耗低，运行维护方便，成本低；污泥产量少；能承受污水水量大范围的波动，其适应能力和抗冲击能力强。缺点是占地面积较大；气候对稳定塘的处理效果影响较大；若设计或运行管理不当，则会造成二次污染；易产生臭味和滋生蚊蝇；污泥不易排出和处理利用。

稳定塘适合于有山沟、水沟、低洼地或池塘，土地面积相对丰富且污水浓度不高的农村地区。

◉ 稳定塘有哪些类型？

根据塘水中溶解氧含量、生物种群类别及塘的功能可分为好氧塘、兼性塘、厌氧塘、曝气塘、生物塘 5 种。

好氧塘的深度较浅，一般在 0.5 米左右，阳光能直接照射到塘底。塘内有许多藻类生长，释放出大量氧气，再加上大气的自然充氧作用，好氧塘的全部塘水都含有溶解氧。

兼性塘同时具有好氧区、缺氧区和厌氧区。它的深度比好氧塘大，通常在 1.2～1.5 米。

厌氧塘的深度较兼性塘更大，一般在 2.0 米以上。塘内一般不种植植物，也不存在供氧的藻类，全部塘水都处于厌氧状态，主要由厌氧微生物起净化作用。多用于高浓度污水的厌氧分解。

曝气塘的设计深度多在 2.0 米以上，但与厌氧塘不同，曝气塘采用了机械装置曝气，使塘水有充足的氧气，主要由好氧微生物起净化作用。

生物塘一般用于污水的深度处理，进水污染物浓度低，也被称为深度处理塘。塘中可种植芦苇、茭白等水生植物，以提高污水处理能力。

◉ 稳定塘的设计施工应注意哪些事项？

（1）稳定塘是按有机污染物的负荷、塘深和停留时间等参数设计的。当入水的污染物较少时，一般设计为好氧塘或生态塘；当污水浓度较高时，可设计为厌氧塘或曝气塘；污水水质介于这两者之间时，通常设计为兼性塘。

（2）稳定塘应尽量远离居民点，而且应该位于居民点长年风向的下方，防止水体散发臭气和滋生蚊虫的侵扰。

（3）稳定塘应防止暴雨时期产生溢流，在稳定塘周围要修建导流明渠将雨水引开。暴雨较多的地方，衬砌应做到塘的堤顶可防雨水反复冲刷。塘堤为减少费用可以修建为土堤。

（4）塘的底部和四周可作防渗处理，预防塘水下渗污染地下水。防渗处理有黏土夯实、土工膜和塑料薄膜衬面等。

◉ 什么是生态沟渠？

生态沟渠是指具有一定宽度和深度，由水、土壤和生物组成，具有自身独特结构并发挥相应生态功能的农田沟渠生态系统。生态沟渠能够通过截留泥沙、土壤吸附、植物吸收、生物降解等一系列作用，减少水土流失，降低进入地表水中氮、磷的含量。生态拦截型沟渠系统主要由工程部分和生物部分组成，工程部分主要包括渠体及生态拦截坝、节制闸等，生物部分主要包括渠底、渠两侧的植物；两侧沟壁和沟底可以选择由蜂窝状水泥板等组成，两侧沟壁具有一定坡度，沟体较深，沟体内相隔一定距离构建小坝减缓水速、延长水力停留时间，使流水携带的颗粒物质和养分等得以沉淀和去除。

生态沟渠的优点是建造灵活、无动力消耗、运行成本低廉；能减缓水速，促进流水携带的颗粒物沉淀，吸收和拦截沟壁、水体和沟底中溢出的养分，同时水生植物的存在可以加速氮、磷界面交换和传递，从而使污水中氮、磷的浓度快速减小，具有良好的净化效果；沟渠中水生植物对污水中的氮、磷有很好的吸收能力，收割植物能解决二次污染问题。缺点是污染负荷低，设计不当容易堵塞，易污染地表水、农田；存在植物收割段，处理效果受季节影响。

◉ 什么是土地渗滤处理系统？

土地渗滤处理系统是一种经过人工强化的污水生态工程处理技术，它充分利用在地表下面的土壤中栖息的土壤动物、土壤微生物、植物根系以及土壤所具有的物理、化学特性将污水净化，属于小型的污水土地处理系统。

土地渗滤处理系统的优点是处理效果较好，投资费用少，无能耗，运行费用很低，维护管理简便。缺点是负荷低，占地面积大，设计不当容易堵塞，易污染地下水。

土地渗滤处理系统适合于资金短缺、土地面积相对丰富的农村地区，与农业或生态用水相结合，不仅可以治理农村水污染、美化环境，而且可以节约水资源。

● **土地渗滤处理系统有哪些类型？**

土地渗滤处理系统主要包括土地慢速渗滤系统、土地快速渗滤系统、地表漫流系统、地下渗滤系统等。

慢速渗滤系统适用于渗水性能良好的土壤、砂质土壤及蒸发量小、气候湿润的地区。分为农业型和森林型两种。其污水投配负荷一般较低，渗流速度慢，故污水净化效率高，出水水质优良。主要控制因素为：灌水率、灌水方式、作物选择和预处理等。

快速渗滤系统是一种高效、低耗、经济的污水处理与再生方法。适用于渗透性能良好的土壤，如砂土、砾石性砂土、砂质垆坶等。污水灌至快速滤渗田表面后很快下渗进入地下，并最终进入地下水层。灌水与休灌反复循环进行，使滤田表面土壤处于厌氧—好氧交替运行状态，依靠土壤微生物将被土壤截留的溶解性和悬浮有机物进行分解，使污水得以净化。其主要目的是补给地下水和废水再生回用。进入快速渗滤系统的污水应进行适当预处理，以保证有较大的渗滤速率和消化速率。

地表漫流系统适用于渗透性的黏土或亚黏土，地面最佳坡度为2%～8%。废水以喷灌法或漫灌法有控制地在地面上均匀的漫流，流向设在坡脚的集水渠，在流行过程中少量废水被植物摄取、蒸发和渗入地下。地面上种牧草或其他作物供微生物栖息并防止土壤流失，尾水收集后可回用或排放水体。采用何种方法灌溉取决于土壤性质、作物类型、气象和地形。

地下渗滤污水处理系统是将污水投配到距地面约 0.5 米深、有良好渗透性的底层中，借毛管浸润和土壤渗透作用，使污水向四周扩散，通过过滤、沉淀、吸附和生物降解作用等过程使污水得到净化。地下渗滤系统适用于无法接入城市排水管网的小水量污水处理。污水进入处理系统前需经化粪池或酸化池预处理。

◉　土地渗滤处理系统应用中要注意哪些问题？

（1）选择适宜的废水类型，不是任何废水都可用土地处理法处理；农村生活污水、城市污水及与城市污水水质相近的工业废水可作灌溉用水。医药、生物制品、化学试剂、农药、石油炼制、焦化和有机化工处理后的废水不适宜用作灌溉用水。

（2）选择适当的植物类型，一般以树木、经济作物为主，如选用农作物，应注意在水质允许的情况下，还要保证农作物不被污染，不减产，不要种植蔬菜、果品类植物。

（3）做好防渗处理问题，避免污染地下水源。

（4）控制进水水质，不能长期使用含盐量高的污水，防止土壤盐碱化。

（5）注意防止生物污染（如医院废水不能进入系统），防止疾病传染，对人畜造成危害。

◉ 土壤渗滤处理系统在工艺设计上应注意哪些事项？

一是土地渗滤对污水的缓冲性能较强，不能用于过高浓度污水的处理，否则会产生臭味，引发蚊虫滋生。二是土地渗滤技术的工艺类型选择，主要根据处理水量、出水要求、土壤性质、地形与气候条件等确定。三是慢速渗滤并不需要特殊的收集系统，施工较简便。但为了达到最佳处理效果，要求布水尽量均匀一致。四是地下渗滤系统需要铺设地下布水管网，系统构筑相对较复杂。五是普通地下渗滤系统施工时先开挖明渠，渠底填入碎石或砂，碎石层以上布设穿孔管，再以砂砾将穿孔管掩埋，最后覆盖表土。穿孔管以埋于地表下 50 厘米为宜，也可采用地下渗滤沟进行布水。六是强化型地下渗滤系统要在普通型的基础上利用无纺布增加毛管垫层，它高出进水管向两侧铺展外垂，穿孔管下为不透水沟，污水在沟中的毛管浸润作用面积要明显高于普通型，布水也更均匀，净化效果更好。

◉ 什么是生物浮岛？

生物浮岛是一种用塑料泡沫等轻质材料作为植物生长载体，在其上移植陆生喜水植物，通过植物对氮、磷等营养物质的吸收作用，实现水质净化的污水处理技术。浮岛上移栽的植物既能吸收污水中的营养物质，还能释放出抑制藻类生长的化合物，从而提高出水水质。适用于湖网发达、气候温暖的农村地区。

农村生活污水经过预处理或好氧生物处理后，排放至村边低洼池塘，在池塘中建造生物浮岛，种植花卉、青饲料和造纸原料等经济型植物，通过植物的生态作用净化水质，同时获得一定的经济收益。

生物浮岛的优点是投资成本低，维护费用省；不受水体深度和透光度的限制，能为鱼类和鸟类提供良好的栖息空间，兼具环境效益、经济效益和生态景观效益；浮岛浮体可大可小，形状变化多样，易于制作和搬运；跟人工湿地相比，植物更容易栽培。缺点是浮岛植物残体腐烂，会引起新的水质污染问题；发泡塑料易老化，造成环境二次污染；植物的越冬问题；难以推行机械化操作，人工操作限制其发展；浮岛制作施工周期长；浮岛多数采用大型水生植物及水生蔬菜，难以抵抗极端的大风、大雨及大浪。

◉ 建设生物浮岛的技术要点有哪些？

（1）在植物选择上，要求选择适宜水培条件生长的多年生水生植物；具有耐污、抗污和有较强净化能力；根系发达、繁殖能力强，生长快、生物量大；景观效应好，考虑季节搭配。

（2）在浮岛覆盖率设置上，要根据水体污染水平和净化要求、水体规模和使用功能等情况来确定，不宜盲目提高覆盖率。

（3）浮岛的浮体选择上，尽量采用抗氧化及耐腐蚀材料，如吹塑加气型浮岛等。

◉ 乡镇生活污水处理怎么运行？

乡镇生活污水处理包括预处理、生物处理、深度处理、污泥处理、管理控制等环节。

预处理以物理方法为主，主要设施包括格栅、沉砂池、初沉池、调节池（提升泵房）等，有些工艺流程可省去初沉池，主要目的是去除颗粒物、漂浮物、餐厨废水中的油脂，缓冲污水水量水质冲击。

生物处理是污水处理厂的核心处理单元，可选用不同处理工艺技术，包括传统活性污泥法（氧化沟、A2O、序批式活性污泥法等）、生物膜法（生物接触氧化法、生物滤池等）、膜生物反应器（MBR）等。

深度处理的目的是对生物处理后的出水进一步去除有机污染物、SS、嗅味等，主要包括混凝、沉淀（澄清）、过滤、膜过滤等工艺单元，应根据实际情况选用不同的工艺单元组合。常规深度处理流程包括"二级生物处理出水→混凝、沉淀、过滤→消毒→出厂水"和"二级生物处理出水→微絮凝→过滤→消毒→出厂水"两种。

污泥处理主要是对脱水后的污泥进行填埋处置，或者通过堆肥后就地农业利用，堆肥后农用的应达到《农用污泥污染物控制标准》（GB 4284—2018）的相关要求。

管理控制包括自动控制和在线监测系统，乡镇生活污水处理厂（站）可采取自动控制与人工控制相结合方式，以人工控制为主。

◉ 什么是厌氧—缺氧—好氧（A2O）处理技术？

厌氧—缺氧—好氧处理技术（A2O）是在厌氧—好氧（AO）处理技术的基础上增设厌氧池，而开发的具有同步脱氮除磷功能的工艺，可用于二级污水处理、三级污水处理、中水回用，具有较好的脱氮除磷效果。出水进入二沉池进行泥水分离，上清液及一部分剩余污泥进行排放，一部分污泥回流至厌氧反应器。污水与含磷回流污泥进入厌氧区，在释磷菌作用下释放磷并产生能量，同时降解部分有机物。出水进入缺氧池后，利用从好氧区回流至缺氧区的混合液完成反硝化脱氮，最后进入好氧区，进行氧化降解有机物、吸收磷和硝化反应，最终实现同步脱氮除磷功能。

A2O 处理技术的优点是水力停留时间少于其他工艺；厌氧、缺氧、好氧交替运行，丝状菌增殖少，减少了污泥膨胀的可能性；具有较好的脱氮除磷效果。缺点是除磷效果很难进一步提高；污泥增长有一定限度，尤其是处理低碳氮比城镇污水；内回流不宜太大使得脱氮效果受到一定限制；由于硝化菌、反硝化菌和聚磷菌在有机负荷、泥龄以及碳源需求上存在矛盾和竞争，影响氮、磷的去除效果。

◉ 什么是生物接触氧化池？

生物接触氧化池是在池体中装填沸石、焦炭、合成纤维等填料，污水浸没全部填料，池底曝气对污水充氧，氧气、污水和填料三相接触过程中，通过填料上附着生长的生物膜去除污水中的悬浮物、有机物、氨氮、总氮等污染物的一种好氧生物技术。

生物接触氧化池的优点是结构简单，占地面积小；污泥产量少，无污泥回流，无污泥膨胀；生物膜内微生物量稳定，生物相对丰富，对水质、水量波动的适应性强；操作简便、较活性污泥法的动力消耗少；对污染物去除效果好。缺点是加入生物填料导致建设费用增高；可调控性差；对磷的处理效果较差，对总磷指标要求较高的农村地区应配套建设出水的深度除磷设施。

生物接触氧化池处理规模可大可小，可建造成单户、多户污水处理设施及村落污水处理站。为减少曝气耗电、降低运行成本，山区利用地形高差，可利用跌水充氧完全或部分取代曝气充氧；若作为村落或乡镇污水处理设施，则建议在经济较为发达地区采用该技术，可利用电能曝气充氧，提高处理效果。

◉ 什么是活性污泥法？

活性污泥法是污水生物处理的一种方法，该法是在人工充氧条件下，对污水和各种微生物群体进行连续混合培养，形成活性污泥，利用活性污泥的生物凝聚、吸附和氧化作用，以分解去除污水中的有机污染物，然后使污泥与水分离，大部分污泥再回流到曝气池，多余部分则排出活性污泥系统。包括传统活性污泥法、序批式活性污泥法（SBR）及氧化沟法等。

◉ 什么是序批式活性污泥法？

序批式活性污泥法是一种间歇式活性污泥法，该技术在运行操作上最大的优点是将曝气、反应、沉淀、排水等单元操作工序按时间顺序，在同一个反应池中反复进行。其运行次序一般分为进水期、反应期、沉淀期、排水期和闲置期 5 个阶段，各个阶段的运行时间、反应池混合液的浓度及运行状况均可以根据进水水质与运行功能灵活操作。在进水与反应阶段，缺氧（或厌氧）与好氧状态交替出现，有效抑制了专性好氧菌的过量增长繁殖，较短的污泥泥龄使丝状菌无法大量繁殖，由此克服了常规活性污泥易使污泥膨胀的弊端。

序批式活性污泥法适用于各类型农村污水的处理，特别是用于水量较小、水量排放空间波动大、水质波动大的农村污水处理。该工艺简单，构筑物少，将曝气池与沉淀池融为一体，以时间换空间，占地面积小；不需要设置污泥回流设施，不设二沉池，曝气池容积也小于传统连续式活性污泥法，运行费用低。

◉ 什么是氧化沟活性污泥法？

氧化沟活性污泥法又称循环混合式活性污泥法，其曝气池呈封闭的沟渠型，是一种首尾相连的循环流曝气沟渠，污水渗入其中得到净化。

与传统活性污泥法曝气池相比，氧化沟具有以下特点：平面多为椭圆形，总长可达几十米，甚至几百米；沟深较浅；装置简单，进水一般只要设一根水管即可，亦可设成明渠。出水采用溢流堰式，进出水简单、安全、可靠；流态介于完全混合和推流之间，形式多样；工艺简单，可以不设初沉池和二沉池，节省造价；对水质、水温、水量有很强的适应性；污泥龄长、污泥产率低、出水稳定、处理效果好，不仅可达到 BOD、SS 的排放标准，而且因其水力停留时间长，曝气池内有相对独立的缺氧区与好氧区，可达到脱氮、除磷效果；氧化沟内活性污泥好氧消化比较彻底，故污泥产量少、臭味小、脱水性能好，可直接浓缩脱水，不必消化。

◉ 什么是生物膜法？有哪些类型？

生物膜法是一种固定膜法，是污水水体自净过程的人工强化，主要去除废水中溶解性的和胶体状的有机污染物，包括生物滤池（普通生物滤池、高负荷生物滤池、塔式生物滤池）、生物转盘、生物接触氧化设备和生物流化床等。生物膜处理技术适用于污染物浓度较低、气温较低、含有难降解有机物等类型的农村污水处理。

◉ 什么是生物转盘处理技术？

生物转盘处理技术是生物膜处理技术的一种。生物转盘处理技术运行时，盘片部分浸没于充满污水的反应槽内，利用转盘的转动，使附着在转盘上的微生物在水和空气中来回往复循环。当盘片浸没在接触反应槽内污水中时，滋生在盘片上的生物膜充分与污水中有机物接触、吸附，在微生物的氧化作用下分解水中的有机物。当盘片离开污水时，盘片表面形成的薄薄水膜从空气中吸氧，被吸附的有机物在好氧微生物酶的作用下进行氧化分解。通过这样周而复始的不断循环达到净水目的。

生物转盘技术的优点是处理费用低、出水效果好、占地面积小、设备使用寿命长、污泥产量少、无风机噪声污染、按需供氧、不产生异味造成二次污染、安装简单、维护方便等。缺点是转盘较贵，投资较大，生物转盘的性能受环境气温及其他因素影响较大等。在北方设置生物转盘时，一般设置于室内，并采取一定的保温措施。建于室外的生物转盘需加设雨棚，防止雨水淋洗，使生物膜脱落。

◉ 什么是膜生物反应器（MBR）处理技术？

膜生物反应器处理技术属于膜分离技术的一种，其工艺是将特制的膜组件浸没在曝气池中，经好氧处理后的水经膜过滤后排放。其与传统活性污泥法之间最大的区别就是用膜组件代替固液分离工艺及相关的构筑物，在节省占地面积的同时，还提升了固液分离效率。通过各种工艺的组合应用，可以实现出水达到景观用水或者杂用水的标准。

通过膜过滤的方式，可以将微生物截留在生物反应器内使污泥龄与水力停留时间实现相互独立，这样就可以有效地避免污泥膨胀状况的发生。同时，由于膜分离在生化池中形成 8000～1.2 万毫克／升超高浓度的活性污泥浓度，使污染物分解彻底。因此出水水质良好、稳定，出水细菌、悬浮物和浊度接近于零。在一般情况下，经 MBR 工艺处理后的生活污水可以达到一级 B 的标准，要想实现出水达到一级 A 标准，可以在 MBR 工艺后加上人工或者自然湿地处理系统，能够实现出水水质的提升。

◉ 膜生物反应器处理技术有哪些优点和不足？

膜生物反应器工艺对水质的适应性好，耐冲击负荷性能好，出水水质优良、稳定，不会产生污泥膨胀；池中采用新型弹性立体填料，比表面积大，微生物易挂膜、脱膜，在同样有机物负荷条件下，对有机物去除率高，能提高空气中的氧在水中的溶解度；工艺简单；不必单独设立沉淀、过滤等固液分离池，占地面积小。水力停留时间大大缩短；污泥排放量少，只有传统工艺的 30%，污泥处理费用低。但存在一次性投资较高的不足。

◉ 什么是曝气生物滤池？

曝气生物滤池将生物降解与吸附过滤两种处理过程合并在同一单元反应器中。以滤池中填装的粒状填料（如陶粒、焦炭、石英砂、活性炭等）为载体，在滤池内部进行曝气，使滤料表面生长着大量生物膜，当污水流经时，利用滤料上所附生物膜中高浓度的活性微生物强氧化分解作用以及滤料粒径较小的特点，充分发挥微生物的生物代谢、生物絮凝、生物膜和填料的物理吸附和截留以及反应器内沿水流方向食物链的分级捕食作用，实现污染物的高效清除，同时利用反应器内好氧、缺氧区域的存在，实现脱氮除磷的功能。

◉ **我国东北地区农村生活污水处理有哪些可行的技术模式？**

我国东北地区属高寒地区，常年气温较低，特别是冬季非常寒冷，为保证污水处理效果，污水处理设施应考虑保温问题。根据不同经济发展水平及当地环境条件，东北地区可采用的农村污水处理技术包括：化粪池、厌氧生物膜、生物接触氧化池、土地渗滤处理、人工湿地、氧化塘等技术。

◉ **我国西北地区农村生活污水处理有哪些可行的技术模式？**

我国西北大部分区域干旱缺水，日照时间长，生活污水处理应尽量与资源化利用相结合，有条件的地区，污水处理设备的动力可以考虑利用太阳能等新能源。根据西北地区农村生活污水排放分散、水质和水量波动大的特点，结合当地经济和技术状况，西北地区农村宜采用结构简单、易于维护管理和运行成本低的处理技术，包括污水预处理技术（化粪池、沼气池）、生物处理技术（厌氧生物膜、生物接触氧化池、氧化沟）和生态处理技术（人工湿地、稳定塘、土地渗滤处理）等。其他能达到处理要求并与西北地区技术与经济相适应的污水处理技术也可以在该地区应用。

◉ **我国华北地区农村生活污水处理有哪些可行的技术模式？**

华北地区属严重缺水地区，污水处理应尽量与资源化利用相结合。根据华北地区各省市的经济发展水平及环境条件，农村污水处理实用技术包括：化粪池、污水净化沼气池、普通曝气池、序批式生物反应器、氧化沟、生物接触氧化池、人工湿地、土地渗滤处理、稳定塘等技术。

◉ 我国东南地区农村生活污水处理有哪些可行的技术模式？

综合考虑我国东南地区农村经济、地理和环境现状，适于推广化粪池、厌氧生物膜、沼气池 3 种厌氧生物处理技术；生物接触氧化池、氧化沟 2 种好氧生物处理技术；人工湿地、生态滤池、土地渗滤 3 种生态净水技术。其他适合东南地区特点并满足相关处理要求的物化技术（如：过滤和消毒）、生物技术（如：A/O 和 SBR，即厌氧好氧工艺法和序批式活性污泥法）和生态技术（如：稳定塘）也可应用。

◉ 我国中南地区农村生活污水处理有哪些可行的技术模式？

根据中南地区的特征，在有条件的地区，宜对生活污水进行处理后排放，污水预处理技术可采用化粪池或厌氧生物膜技术；二级处理可采用生物接触氧化池、氧化沟活性污泥法、人工湿地、氧化塘、土地渗滤和生物浮岛等技术。

◉ 我国西南地区农村生活污水处理有哪些可行的技术模式？

根据西南地区农村地理及经济特征，宜利用丘陵地区的高差减少污水处理设施的动力消耗。将化粪池和沼气池作为污水处理的预处理技术，采用人工湿地、土地渗滤、厌氧生物膜技术、生物接触氧化池、氧化沟活性污泥法、生物滤池等农村污水处理技术。其他能达到处理要求并与西南地区技术与经济相适应的技术也可以在该地区推广应用。

◉ 农村居民如何减少生活污水排放？

一是洗菜时先择后洗，洗菜前先抖去菜上的浮土，然后再清洗，这样可以减少清洗的次数，也能起到节水效果。二是在水龙头上安装流水控制器，可以节约大量用水。三是在自家水龙头旁贴上"请注意节约用水"的标语。提醒全家成员，在洗蔬果、洗手绢、刮胡子时，不应让水龙头一直开着。四是外出时拧紧水龙头。五是切勿长时间开水龙头洗手、洗涤衣服或洗菜。六是洗车时应该先擦后洗，而不是用水管冲洗后再擦。

◉ "12369"环保举报热线的受理范围有哪些？

"12369"是全国统一的环境保护举报热线，24 小时畅通，受理范围包括：

（1）大气。包括工业废气污染，如不正常使用大气污染防治设施，擅自拆除、闲置大气污染防治设施的，工业企业烟囱冒黑烟，工业废气超标排放，排放工业粉尘等；汽车尾气污染，如柴油车尾气冒黑烟，在用机动车尾气排放超标，非道路移动机械尾气污染等；锅炉烟尘污染，如企事业单位的锅炉烟囱冒黑烟，锅炉排放烟尘污染染等；餐饮油烟污染，如餐馆未加装油烟净化设施，油烟净化设施未正常使用，油烟净化设施闲置等。

（2）噪声。包括工业噪声污染，如企事业单位生产加工过程中设备噪声；社会生活噪声污染，如加工、维修、餐饮、娱乐、健身、超市及其他商业服务业生产经营活动中使用的设备、设施产生的噪声等。

（3）固体废物。包括工业固体废物污染，如擅自倾倒、堆放、丢弃、遗撒工业生产活动中产生的固体废物，擅自关闭、闲置或者拆除工业固体废物污染环境防治设施、场所等；危险固体废物污染，如违规处置电子废物、医疗垃圾、废机油等危险废物。

（4）水体。包括向国家一级保护区水体排放污水、废液、倾倒垃圾、渣土和其他固体废物；工业企业产生废水未经处理直接排放等。

第四编 | 肆

农村生活垃圾治理

◉ 什么是农村生活垃圾？

农村生活垃圾是指生活在乡、镇（城关镇除外）、村、屯的农村居民在日常生活中或在日常生活提供服务的活动中产生的固体废物，以及法律、行政法规规定视为生活垃圾的固体废物。按照《中华人民共和国固体废物污染环境防治法》的规定，固体废物是指人类在生产建设、日常生活和其他活动中产生的污染环境的固态、半固态废弃物质。如：厨余垃圾、灰土、废纸类、橡塑、金属、玻璃、织物、竹木、砖瓦陶瓷、有害垃圾（废灯管、废电池、农药化肥包装物、过期药品）等。

◉ 农村生活垃圾可以分为哪几类？

农村生活垃圾主要包括厨余垃圾、渣土、废纸类、橡塑、金属、玻璃、织物、竹木、砖瓦陶瓷、有害垃圾等。可以分为可回收垃圾、厨余垃圾、有毒有害垃圾和其他垃圾四大类，其中：可回收垃圾占比 20%～30%，厨余垃圾占比 35%～40%，有毒有害垃圾占比通常不到 1%，其他垃圾占比 30%～40%。

可回收垃圾是指垃圾中再生利用价值较高，能进入回收渠道的物品，包括：废纸（纸板）、玻璃制品、食品保鲜盒、塑料瓶、塑料泡沫、电脑、易拉罐、废旧衣物等。

厨余垃圾主要是指农村居民家庭日常生活中产生的剩菜剩饭、菜根菜叶、果皮果壳、蛋壳、动物骨头、过期食物以及家庭产生的花草、落叶等食品类废弃物。

有毒有害垃圾主要是指需要经过特殊安全处理的生活垃圾，包括废旧灯管灯泡、废旧电池、油漆罐、过期药品、农药包装物、过期化妆品等。

其他垃圾是指生活垃圾中除去可回收垃圾、有毒有害垃圾和厨余垃圾之外的所有物品，一般包括烟头、破旧陶瓷品、砖瓦、坚硬果皮（如榴莲壳）、卫生纸、渣土等。

● 我国农村生活垃圾每年产生量有多少？

据调查，我国农村每天每人生活垃圾产生量约为 0.86 千克，每年生活垃圾产生量约 1.77 亿吨，其增长速度快于城市，但无害化管理水平却远低于城市。

● 农村生活垃圾的主要来源和去向有哪些？

目前我国农村生活垃圾的主要来源有：餐饮，日常用品消费产生的包装和残余物，淘汰的生活用品和农业生产所产生的废弃物。主要去向有两种：一是混合收集、统一清运、集中处理；二是简单转移填埋、临时堆放焚烧和随意倾倒。

● 农村生活垃圾的污染状况如何？

目前我国农村生活垃圾主要倾倒地点是"六边"：路边、河边、村边、田边、塘边、屋边，严重破坏了农村的生态环境，危害了广大村民的身体健康。

● 农村生活垃圾都有哪些危害？

农村生活垃圾产生大量污染物，包括有害微生物，如致病菌、病毒；有机污染物，如氯化烃、碳氢化合物等致癌物、促癌物；无机污染物，如汞、镉、铅、砷、锌、铬等；物理性污染物，如放射性污染物；其他污染物，如寄生虫、害虫、臭气等，对水体、土壤、空气和人类带来危害。

（1）对水体的危害。农村生活垃圾对水体的污染包括直接污染和间接污染，生活垃圾经雨水冲刷后，可溶解出有害成分，污染水质，毒害生物，破坏农村生态环境。

（2）对土壤的危害。农村生活垃圾露天堆放，不仅会占用土地资源，有毒垃圾还会通过食物链影响人体健康。另外垃圾渗出液还会改变土壤成分和结构，使土壤的保肥、保水能力大大下降，被严重污染的土壤甚至无法耕种。

（3）对大气的危害。农村生活垃圾在运输和堆放过程中会产生恶臭，向大气中释放出大量的氨和硫化物等污染物，加重农村大气环境的温室效应。而且生活垃圾在焚烧过程中会产生大量的有害气体和粉尘，不但会导致空气能见度降低，还会影响人体健康。

（4）对人体的危害。农村生活垃圾若处理不当，会引起呼吸道疾病，降低人体免疫力，传播疾病，引起急性或慢性中毒，甚至诱发癌症。

◉　农村生活垃圾处理的目标是什么？

农村生活垃圾处理的目标是在合理的经济技术条件下，实现农村生活垃圾的减量化、资源化和无害化。减量化是通过分类收集和分类处理，将适合就地处理的农村生活垃圾进行组分（如炉渣、砖瓦陶瓷、食品垃圾等），在村庄处理并利用，减少外运处理的垃圾量；资源化是通过再生资源（市场可售废品）回收和对垃圾特定组分的转化处理获得具有利用价值的产物；无害化是最大限度地控制农村生活垃圾处理全过程（包含收集、运输、处理处置及资源化产物利用）对环境和卫生的影响。

当前我国农村生活垃圾的年产生量近 1.77 亿吨，其中有机物约占 30%，资源量达到约 2212 万吨标准煤，由此可见，农村生活垃圾具有极大的附加值潜力和较高的资源化利用市场前景。

◉　为什么要开展农村生活垃圾源头分类？

农村生活垃圾源头分类是实现生活垃圾减量化、资源化和无害化的基础，是实现垃圾高效资源化处理利用的前提和重要手段。

我国农村具有独特优势，只要引导得当，通过制度引导、制定乡规民约，村干部入户宣传、保洁员上门动员等方式，在农村开展生活垃圾分类是完全可行的。

◉　农村生活垃圾分类的好处有哪些？

一是节省土地。实行垃圾分类后，可以回收成为再生资源的那部分垃圾就不必进入填埋场了，随着垃圾中可回收成分比重越来越大，越来越多的土地就会从垃圾的威胁中解脱出来。二是减少污染。垃圾分类可以避免不必要的填埋和焚烧，减少对环境的危害。三是资源循环再生。垃圾是放错地方的资源，垃圾分类有利于把这些资源回收回来，进行再循环再利用。四是改善卫生环境。垃圾分类后可回收的垃圾被利用，垃圾总量减少，剩下的生物垃圾用于堆肥可以避免垃圾遍地、蚊蝇滋生。

◉ **如何开展农村生活垃圾分类收集?**

生活垃圾分类收集是一项烦琐的、长期性的工程。首先,要在农村大力宣传生活垃圾分类的有关知识,提高农民的环保意识;其次要在农村设置生活垃圾分类回收设施;最后还要制定与生活垃圾分类相关的制度和奖惩政策。

◉ **我国农村生活垃圾收集是怎么分类的?**

按收集方式可分为混合收集和分类收集。这两种方式最大的不同在于分类收集强调源头控制,而混合收集则是对资源的浪费。在部分经济一般或不发达的农村地区,由于乡镇政府和村民委员会无力负担高额的环卫设施建设和清运处理费用,仍处于粗放的无序管理状态。

按收集时间可分为定时收集和不定时收集,目前我国采用的是不定时收集。

◉ **农村生活垃圾收运系统包括哪几个部分?**

农村生活垃圾收运系统包括收集、运输、转运 3 个部分。收运系统是农村生活垃圾进行全过程管理的关键环节,合理布局垃圾收集点和转运站、科学规划车辆运输路线可大大降低农村生活垃圾的管理成本。

◉ **生活垃圾收集容器可分为几种类型?**

生活垃圾收集容器可分为大、中、小三种类型,容积要求分别是大于 1.1 立方米 (如垃圾房、垃圾池)、0.1～1.1 立方米 (如垃圾箱、环卫垃圾桶）、小于 0.1 立方米（如家用垃圾桶、垃圾筐）。

◉ 一只标准的可回收玻璃瓶（如啤酒瓶、饮料瓶）能够反复回收使用多少次？

标准玻璃瓶的回收使用，可保护环境，节约矿产资源。使用前需检验是否合格，合格的标准玻璃瓶通过生产线进行清洁消毒等步骤后重新灌装。标准玻璃瓶可以反复回收使用 24～30 次。一般可回收标准玻璃瓶分为绿色、棕色和无色三种。

◉ 我国生活垃圾收运存在哪些问题？

目前我国农村生活垃圾收运存在随意投放，收运设备匮乏、建设标准低，收集和转运设施规划不合理，收运设备设计不合理，收运模式尚需探索，缺乏长效运行机制等问题。

◉ 农村生活垃圾运输模式有哪些？

根据村庄人口密度、乡镇道路状况及村庄生活垃圾收集点或转运站至生活垃圾末端处置设施的运输距离等因素，农村生活垃圾运输模式可分为直运模式和转运模式。

直运模式是指以收集点为基础，将收集的生活垃圾直接运往末端处置设施，运输距离小于 10 公里时，宜采用直运模式。当生活垃圾运输距离大于 10 公里且垃圾量较大时，宜采用转运模式。

◉ 农村生活垃圾是怎么收运的？

我国对农村生活垃圾实行"户集中、村收集、乡镇转运"。实行生活垃圾分类的村镇，住户应自行设置或由政府统一配置垃圾分类收集容器，将家庭生活垃圾分类集中后自行投放到公共垃圾分类桶或专人上门收集，保洁员应及时将村庄公共垃圾桶里的生活垃圾收集到村庄生活垃圾收集点，乡镇根据确定的生活垃圾运输模式，将生活垃圾收集点的垃圾收运至乡镇转运站或末端处置设施。

● 农村生活垃圾收运设备设施有哪些？

包括家庭垃圾桶、公共垃圾桶、公共场所废物箱、生活垃圾收集点、生活垃圾收集车、生活垃圾转运站、生活垃圾转运车等。

● 家庭垃圾桶配置有什么要求？

农村家庭应配置垃圾桶，日常产生的生活垃圾贮存在桶内，禁止随意堆放和丢弃。垃圾桶应经济、实用，垃圾桶材质应具有较好防腐、阻燃性能，可选用高密度聚乙烯或不锈钢材质。

● 公共垃圾桶配置有什么要求？

村庄内应配置公共垃圾桶，用于收集农户家庭生活垃圾。公共垃圾桶应选用120升或240升标准塑料垃圾桶，塑料垃圾桶应符合《塑料垃圾桶通用技术条件》（CJ/T 280—2008）规定。村庄按照每5~10户配置1组；居住小区按照每栋楼的单元入口附近配置1组；沿街商铺按每10户配置1组。生活垃圾未分类的地区，每个收集点配公共垃圾桶1只，实施垃圾分类的地区，每个收集点配置的公共垃圾桶数量应与分类要求相适应。

◉ 公共场所废物箱配置有什么要求?

（1）农村的集市、车站、码头、停车场、游园、广场等公共场所应设置废物箱。废物箱应美观耐用、抗老化、阻燃、防腐,并应能防雨、方便清掏和保洁。

（2）废物箱应有明显标志,易于识别。

（3）集镇和村庄公共场所、停车场、游园、广场等按300～500平方米设置一处。

（4）集镇主要街道两侧的废物箱按如下要求配置:商业、金融业街道:80～150米;集镇主干道、次干路:150～300米;支路、有人行道的快速路:300～500米。

◉ 生活垃圾收集点怎么设置?

（1）生活垃圾收集点应设在村庄交通较好地段,不得设置在环境敏感区域和影响道路交通区域,并方便收集车收运,其标志应清晰、规范、便于识别。

（2）生活垃圾未分类的收集点占地面积不宜小于5平方米;实行分类收集的收集点占地面积不宜小于10平方米。每个自然村宜设置一处生活垃圾收集点。

（3）实施生活垃圾分类收运的地区,生活垃圾收集点内宜设置分类储存间。如果采用大型垃圾桶或垃圾箱替代收集点,应根据生活垃圾分类增加垃圾桶或垃圾箱的数量,以满足分类收集的需要。

（4）放置垃圾桶（箱）的地方宜采取防雨措施。

（5）生活垃圾收集点设置要符合《环境卫生设施设置标准》（CJJ27—2012）的规定。

◉ 生活垃圾收集车怎么配置？

（1）生活垃圾收集车应由县（市、区）、镇（乡）统一购置，用于垃圾桶或收集点的生活垃圾收集；生活垃圾收集车应符合《垃圾车》（QC/T 52—2015）的规定。

（2）各地因地制宜合理选购密闭式生活垃圾收集车，收集车应按规定在醒目位置喷涂相应的标志，收运途中不得遗撒、滴漏。

（3）实施生活垃圾分类的地区，生活垃圾收集车应能满足分类收集的需要。

◉ 生活垃圾转运站怎么设置？

（1）村庄人口数量超过 5000 人或乡镇建成区生活垃圾产生量超过 4 吨／日同时小于 30 吨／日，到末端处置设施运距在 10 公里以内的宜设置收集站；以转运功能为主，转运量超过 30 吨／日，运距在 10 公里以外的，宜设置垃圾转运站。

（2）采用人力收集，收集站的服务半径最大不宜超过 1 公里，采用小型机动车收集，服务半径不宜超过 2.5 公里。

（3）收集站宜设置在村庄、集镇建成区市政设施较完善、方便环卫车辆安全作业的地方。

（4）收集站设计规模可按每一万人一天产生 4～6 吨垃圾的标准建设。

（5）收集站建设标准应参考《生活垃圾收集站建设标准》（建标 154）和《生活垃圾转运站工程项目建设标准》（建标 117）标准执行。收集站外形应美观，并与周围环境相协调。应配套建设雨污分流设施，避免雨水或其他自然水体流入。应配套建设污水收集池，可以预处理达到纳管标准后排到污水处理厂（站）或用吸污车送至市、县（市、区）渗滤液处理设施进行处理。

◉ 生活垃圾转运车怎么配置？

（1）农村生活垃圾转运车宜集中管理、统一调配使用，并符合《压缩式垃圾车》（CJ/T 127—2000）和《车厢可卸式垃圾车》（QC/T 936—2013）规定。

（2）生活垃圾转运车应在醒目位置标识相应的标志，应选用密闭性好、经济实用的车辆，推行生活垃圾分类地区的不同种类垃圾应使用专门的转运车辆运输，严禁混装。

（3）生活垃圾转运车的选择应满足生活垃圾转运站工艺要求。采用压缩车直运的地区宜选用 5 吨以上的车辆；转运距离 20 公里以上，宜选用 8 吨以上的转运车。

◉ 分类后的生活垃圾如何处理？

分类后的可回收垃圾由废品收购变现；有害垃圾交由专业机构处理，但需要建立健全废品回收网点或上门回收制度；厨余垃圾可进行堆肥或厌氧消化处理；其他垃圾进行卫生填埋或焚烧处理。

◉ 为什么不能对农村生活垃圾进行简易填埋处理？

简易填埋就是指村民将生活垃圾直接倒入自然沟壑和坑洼处，当垃圾填满沟壑或坑洼后用泥土覆盖，不采取任何防渗措施的垃圾处理方式。

简易填埋由于技术水平低，管理不规范，常常会造成二次污染。

首先会产生大量的渗滤液和臭气，渗滤液对周边土壤和河流造成危害，恶臭严重污染大气环境；其次简易填埋的产气不稳定，甲烷含量低，收集利用难度大，会产生大量的温室气体；第三简易填埋场通常积水严重，水位壅高，安全隐患大。这些都易给周围环境和居民健康带来危害。

◉ 为什么农村生活垃圾不能用于道路路基和房屋基础建设回填用土？

垃圾是不允许作为回填土的。无论是地基回填，还是外墙回填。因为建筑垃圾里各种材料都有，长时间掩埋，容易产生各种有害气体，对后续施工，比如外围管道施工，市政工程等不利。其次垃圾压实量不确定，无法确定其是否压实，如果出现暂时未压实的，长时间沉积后，容易产生地基下沉、下陷等地质问题。

◉ 农村生活垃圾有哪些处理技术？

目前农村生活垃圾的主要处理技术包括卫生填埋、焚烧、堆肥和厌氧消化处理。

◉ 什么是农村生活垃圾的卫生填埋处理？

卫生填埋是指利用工程手段，采取有效技术措施，防止渗滤液及有害气体对水体和大气的污染，并将垃圾压实减容至最小，且在每天操作结束或每隔一定时间用覆盖材料覆盖，使整个过程对公共卫生安全及环境均无危害的一种填埋处理方法。

卫生填埋处理垃圾具有技术简单、操作简便、管理方便、适应性强的特点。与其他方法相比具有建设投资少、运行费用低的特点，而且可以回收沼气，综合效益较好。缺点是占地面积大、管理要求高，对外部环境要求高，使用期限有限。

◉ 什么是农村生活垃圾焚烧技术？

农村生活垃圾中的可燃成分较多，垃圾焚烧产生的热值有一定利用价值，将固体垃圾废料置于封闭的炉内焚烧，在高温条件下，这些物质被破坏分解，形成性质稳定的废渣，这些废渣可以作为废料还田，这种处理技术的优点是可以显著减少垃圾体积和重量；可以进行余热回收利用；大部分有害物通过焚烧得到无害化处理；卫生条件好、占地少，可就近设置、节省运力及运费。缺点是设备投资较高，需要专业技术人员操作；适用于焚烧的垃圾种类有限。

◉ 垃圾焚烧技术有哪些？

农村生活垃圾焚烧技术主要有流化床燃烧技术、层状燃烧技术和回转窑燃烧技术三种。

流化床燃烧技术发展成熟，具有热强度高，更适宜燃烧发热值低、含水分高的燃料。由于其炉内蓄热量大，燃烧垃圾时基本可以不用助燃。为了保证进入炉体的垃圾充分流化，需要对进入炉体的垃圾进行预处理，使其达到所需尺寸，并使其均一化，然后送入流化床内进行燃烧。床层的物料为石英砂，布风板通常设计为倒锥体结构。一般情况下，流化床内的燃烧温度应控制在 800～900 摄氏度，冷态气流断面的流速应为 2 米 / 秒、热态为 3～4 米 / 秒。一次风由风帽通过布风板送入流化层，二次风由流化层上部送入。采用燃烧预料层的，当料层温度达到 600 摄氏度左右时投入垃圾焚烧。

层状燃烧技术发展较为成熟。为使垃圾燃烧过程稳定，层状燃烧关键是炉排。垃圾在炉排上通过预热干燥区、主燃区和燃烬区三个区。垃圾在炉排上着火，热量不仅来自上方的辐射和烟气的对流，还来自垃圾层内部。在炉排上已着火的垃圾在炉排的特殊作用下，使垃圾层强烈地翻动和搅动，不断地推动下落，引起垃圾底部也开始着火，连续的翻转和搅动，透气性加强，有助于垃圾的着火和燃烧。

回转窑焚烧技术目前主要应用于处理有毒有害的医院垃圾和化工肥料。回转窑直径 4~6 米，长度 10~20 米，根据焚烧的垃圾量确定，倾斜放置。每台设备垃圾处理量可达到 300 吨 / 天。回转窑焚烧燃烧设备主要是一个缓慢旋转的回转窑，其内壁可采用耐火砖砌筑，也可采用管式水冷壁，用以保护滚筒。通过炉本体滚筒缓慢转动，利用内壁耐高温抄板将垃圾由筒体下部在筒体滚动时带到筒体上部，然后靠垃圾自重落下。由于垃圾在筒内翻滚，可与空气得到充分接触，进行较完全的燃烧。垃圾由滚筒一端送入，热烟气对其进行干燥，在达到着火温度后燃烧，垃圾得到翻滚并下滑，一直在筒体出口排出灰渣。

◉ 生活垃圾焚烧厂的重要污染源是什么？

垃圾焚烧厂排放的重要污染源是烟气，在这种烟气中通常含有二氧化硫、二氧化氮、盐酸、一氧化碳、烟尘和二噁英等有害气体，其中二噁英是一种剧毒物质，万分之一甚至亿分之一克的二噁英就会给人类健康带来严重危害。二噁英除了具有致癌毒性，还具有生殖毒性和遗传毒性，直接危害我们子孙后代的健康和生活。

◉ 什么是农村生活垃圾热解技术？

农村生活垃圾热解技术是指生活垃圾在没有氧化剂或只提供有限氧的条件下，高温加热，通过热化学反应将垃圾中的有机大分子裂解成小分子燃料物质的热化学转化技术。

农村生活垃圾热解产物主要有炭黑、燃料油和燃料气。其中炭黑由纯碳与金属、玻璃、土沙等混合形成，燃料油包括乙酸、丙酮、甲醇等化合物，燃料气包括氢气、一氧化碳、沼气等低分子碳氢化合物。

热解法处理生活垃圾的优点是热解产物便于储存和运输，热解过程减少有毒物质的生成和排放，对垃圾成分的选择性小，工程占地面积小等；缺点是处理成本高、控制不当易产生二次污染物，如二噁英、二氧化硫、氮氧化合物等。

◉ 什么是农村有机生活垃圾？

农村有机生活垃圾是指农村生活垃圾中可分解的有机物质部分，包括食物残渣、菜根、菜叶、瓜皮、果屑、蛋壳、鱼鳞、植物枝干、树叶、杂草、牲畜粪便等，具有易腐烂、热值低、有机质含量丰富等特点。

◉ 什么是垃圾堆肥处理？

垃圾堆肥处理是指在控制条件下，通过细菌、真菌、蠕虫和其他生物体使有机垃圾从固态有机物向腐殖质转化，最后达到腐熟稳定、成为有机肥料的过程，这个过程一般伴随有微生物生长、繁殖、消亡和种群演替等现象。

采用堆肥技术处理生活垃圾时，一般是在有氧和有水的情况下，对生活垃圾进行分解，它的分解过程可以简单表示为：有机物质＋好氧菌＋氧气＋水→二氧化碳＋水（蒸气状态）＋硝酸盐＋硫酸盐＋氧化物。

堆肥过程是由一系列生物氧化—还原过程组成的，它的核心是微生物活动，微生物活动受到环境和堆肥原料性质的影响，因此影响堆肥过程的主要因素包括生物挥发性固体、通风供氧、水分、温度、碳氮比等。

垃圾高温堆肥采用一次发酵方式，周期一般为 30 天以上。

农村生活垃圾堆肥应注意堆肥过程中产生的臭气及渗滤液等污染物易对环境造成二次污染问题。

◉ 工厂化垃圾堆肥对原料预处理有哪几个步骤？

预处理步骤包括分选、破碎、调整含水率及碳氮比，在这个过程中，首先剔除大块的、无机杂品，然后将垃圾破碎筛分为匀质状，最后还要将匀质垃圾的最佳含水率调整为 45%～60%，碳氮比控制为（20～30）:1，如果原料达不到要求时可掺进污泥或粪便进行调整。

◉ 符合国家标准的堆肥垃圾宜施用在什么地方？

生活垃圾经过堆肥处理后，其中的有机物通过好氧分解，变成腐植酸、氨基酸等比较稳定的植物营养成分，这样完全腐熟的堆肥产品，宜施用于花卉、草地、园林。

◉ 黏性土壤施用堆肥垃圾的量是多少？

目前，通过检测堆肥垃圾中的各项卫生指标，并结合黏性土壤的特性，国家相关部门制定了《城镇垃圾农用控制标准》，根据该标准的规定，黏性土壤每年每亩的堆肥垃圾施用量不得超过 4 吨。

◉ 哪种厨余垃圾适宜堆肥处理？

含水量较低的厨余垃圾适宜堆肥处理，堆肥处理的最佳含水率为 45%～60%。含水率高的厨余垃圾，不适宜单独堆肥，需要多添加骨料，增加生产成本。

◉ 农村厨余垃圾的生物处理方法主要包括哪些？

主要包括好氧堆肥处理和厌氧消化处理，此外还有蚯蚓生物处理、乳酸发酵以及生物制氢等。而生物制氢、厌氧发酵和燃料电池发电系统的开发研究，为废物变清洁能源开辟了新途径。

◉ 什么是农村生活垃圾厌氧消化技术？

厌氧消化技术是指以农村有机生活垃圾作为主要原料，使其在严格的厌氧条件下经过水解、酸化、产氢产乙酸、产甲烷四个阶段，以沼气作为最终产物的一种技术。

利用厌氧消化技术处理农村有机生活垃圾，能有效减少因生活垃圾堆积而产生的蚊蝇、病菌、异味等对周围环境卫生的影响，发酵产生的沼气可作为清洁能源供给周围村民使用，产生的沼肥还是优质农家肥。不仅可以改善农村生态、卫生环境，还能提高村民的生活和健康水平。

◉　农村生活垃圾处理还有哪些新技术？

（1）蚯蚓堆肥技术。在微生物的协同作用下，利用蚯蚓本身活跃的代谢系统将垃圾废料分解转化，形成可以利用的土地肥料。使用的蚯蚓主要有正蚓科和巨蚓科的几个属种。该技术成本低、成效高，废物可再利用，有助于丰富资源。采用这一技术时，在完成垃圾处理的同时，还可将蚯蚓作为科研产物进行研究，挖掘更好的用途。该技术有一定的科技含量，在正确的指导下能推广利用。

（2）垃圾衍生燃料技术。对垃圾进行破碎筛选得到以可燃物为主体的废物，或者将这些可燃物进一步粉碎、干燥制成固体燃料。该技术有许多优点，比如由于粉碎混合均匀，燃烧完全，热值大，燃烧均匀，燃烧产生的有害气体和固体烟雾少。在南、北方地区，农村生活垃圾都可以进行能源生产、发电供暖等。但采用这种技术时，燃烧会产生温室气体和一氧化碳。

（3）气化熔融处理技术。将生活垃圾在 600 摄氏度的高温下热解气化和灰渣在 1300 摄氏度以上熔融这两个过程有机结合。农村生活垃圾热解后可产生可燃的气体能源，垃圾中未氧化的金属可以回收。热分解气体燃烧时空气系数较低，能大大降低排烟量，提高能源利用率，减少氮氧化物的排放。这种技术可最大限度地进行垃圾减量、减容，具有处理彻底的优点。但是，该技术能源消耗量大，需要组织集中处理，因此在农村推广使用不太现实，需要政府提供资金支持。

（4）高温高压湿解技术。在湿解反应器内，对农村生活垃圾中的可降解有机质用温度为 433～443 开尔文、压力为 0.6～0.8 兆帕的蒸汽处理 2 小时后，用喷射阀在 20 秒内排除物料，同时破碎粗大物料并闪蒸蒸汽，再用脱水机进行液固分离。湿解液富含黄腐酸，可用于制造液体肥料或颗粒肥料。脱水后的湿物料可用干燥机进行烘干到含水率小于 20%，过筛，粗物料再进行粉碎。高温高压水解法处理农村生活垃圾由垃圾分选系统、垃圾水解系统、垃圾焚烧系统、制肥自动控制系统组成，具有垃圾分选效果好、运行成本低、有机物利用率高、无须添加酸性催化剂、避免对环境产生二次污染等优点。

（5）太阳能—生物集成技术。利用生活垃圾中的食物性垃圾自身携带菌种或外加菌种进行消化反应，应用太阳能作为消化反应过程中所需的能量来源，对食物性垃圾进行卫生、无害化生物处理。在处理过程中利用垃圾本身所产生的液体调节处理体的含水率，不但能够强化厌氧生物量，而且能够为处理体提供充足的营养，从而加速处理体的稳定，在处理过程中产生的臭气可经脱臭后排放。当阴雨天或外界气温较低时，它能依靠消化反应过程中产生的能量来维持生物反应的正常进行。

（6）黑水虻处理餐厨垃圾技术。黑水虻是一种腐生性水虻科昆虫，能够快速吃掉餐厨垃圾。黑水虻幼虫吃掉餐厨垃圾后，经过12～14 天，会将油腻成分、含氮磷的物质等分解消化，产生的排泄物可作为有机肥使用。优点是生产过程无污染，不产生二次排放，处理周期短，有机肥生产效率高，10 吨餐厨垃圾能够养殖 1.2～1.5 吨黑水虻幼虫，产生 2～3 吨虻粪有机肥。黑水虻幼虫烘干而成的虫干，富含抗菌肽、多糖、不饱和脂肪、维生素等，可添加到宠物饲料喂鱼虾、猫狗等。但这种技术门槛较高，需掌握黑水虻养殖技术，建设生产车间对餐厨垃圾进行粉碎、发酵处理。

● 目前我国农村生活垃圾处理模式有哪些？

（1）城乡一体化处理模式。一些经济发达的农村地区或城镇周边的农村地区，采用有机垃圾和无机垃圾分类收集方式。无机垃圾可结合城市生活垃圾管理体系，执行"村收集、乡转运、县处理"的垃圾收集运输处理系统，实施城乡一体化管理。厨余等有机垃圾分开收集堆肥，分类收集的有机垃圾可采用静态堆肥或能源型生态模式（如秸秆气化、沼气发酵）处理。

（2）源头分类集中式处理模式。我国大部分平原型农村，经济一般、距离县市20公里以上的，可考虑集中力量建立覆盖该区域周围村庄的垃圾收集、转运和处理设施，实现垃圾的分类收集、集中处理。村民每天产生的生活垃圾首先要进行分类，将垃圾内的有机物、废金属、废电池、废橡胶、废塑料以及泥沙等进行分离，可回收部分由废品回收人员收购，餐厨等有机垃圾集中式堆肥、不可回收垃圾进入村镇垃圾处理场集中填埋处理。村镇垃圾处理场可利用区域废弃土地建设简易填埋场，但场地应具有承载能力，符合防渗要求，远离水源。

（3）源头分类分散处理模式。我国部分山区农村、远郊型农村和其他偏远落后农村，经济欠发达、交通不便、人口密度低、距离县市20公里以上的可考虑源头分类分散处理模式。该模式要求村民首先要对生活垃圾进行源头分类，可回收垃圾由废品回收人员收购，厨余垃圾、灰土垃圾（占农村生活垃圾总量的 60% 以上）不出村或镇就地消纳，可以大大减少传统模式的垃圾收集、运输和处理过程中的固定设施投入和运营成本，并且杜绝了对环境的二次污染。剩余的少部分不可回收垃圾进入分散式村镇垃圾处理场填埋处理。分散式村镇垃圾处理场要避开地下水位高、土壤渗滤系数高、农村水源地或丘陵地区。

◉ 为什么要实行村级就地处理？

实行村级就地处理可以减少农村生活垃圾城乡一体化运作模式的收运成本，避免挤占城市生活垃圾的处理空间，减缓垃圾围城的步伐。同时，充分利用农村生活垃圾，变废为宝，实现资源化利用，可以减少化肥施用，改良土壤，发展生态低碳农业。

◉ 如何完善农村生活垃圾处理机制？

要建立健全"政府主导、项目管理、分类收集、因地制宜、村民自治、市场运作"的农村生活垃圾处理机制。政府主导是指要通过政府科学规划、政策扶持、奖罚制度等途径来建立长效机制，同时按照县、乡、村、组、户五级联动，实现自上而下分级负责的运行机制。项目管理是指将垃圾处理工作与乡村环境治理示范村、新农村示范片建设等项目结合起来，多渠道争取配套资金，支持分类收集垃圾桶等基础设施建设。分类收集是指强制实行农户初分、源头减量的政策，大力推动分类处置机制建设。因地制宜是指合理布局垃圾中转池或倾倒池，并根据当地经济发展水平选择最佳资源化利用途径。村民自治是指村民主动参与农村生活垃圾处理，建立村庄保洁员制度并支付部分垃圾处置费。市场运作是指引入有机农业企业、蔬菜合作社、有机肥厂等市场运作主体，进行产业化经营。

◉ 什么是垃圾处理产业化？

垃圾处理产业化就是要以市场为导向，找到一种有效方案，把政府统管的公益性事业行为转变成政府引导与监督、非政府组织参与和企业运营的企业行为，把被分割成源头、中间和末端的垃圾处理产业链整合成一个完整的产业体系，以实现垃圾处理社会效益和经济效益的最大化。

农村生活垃圾处理产业化要按照"垃圾减量、物质利用、能量利用和最终处置"的处理顺序，遵循"自产自销、化整为零、就地处理"的处理原则来推进。

推进农村生活垃圾处理产业化将促进循环经济发展，有利于缩小处理和运行投资规模，降低管理成本，是优化资源配置的有效途径，是推动公用事业社会化的重要内容，对农村人居环境改善和建设宜居宜业和美乡村具有重要意义。

◉ 如何建立农村生活垃圾处理长效机制？

（1）大力推广农村生活垃圾分类。政府对每户农户免费下发可回收和不可回收垃圾桶，引导农户进行可回收和不可回收垃圾分类。

（2）建设日常保洁常态化机制。完善保洁人员管理，落实经费保障等制度。按片划分卫生责任区，建立分片、分区网格化管理模式，实现日常保洁常态化。

（3）签订"三包"协议。制定"门前三包，门内达标"管理制度，并同本村农户、商户签订"门前三包，门内达标"协议书，落实农户、商户维护良好人居环境责任。

（4）完善农村生活垃圾转运体系。实现农村生活垃圾收集中转设施"全覆盖"，形成"农户分类、村组收集、乡镇转运、区县处置"的农村生活垃圾常态化治理机制。

（5）探索垃圾回收利用渠道。健全农村生活垃圾分类、减量、回收体系，引导农村居民"交一点、卖一点、填一点、沤一点"，推进农村生活垃圾资源化利用，有害垃圾有序回收、规范处置。

第五编 | 伍

村容村貌提升

◉　什么是村容村貌提升？

村容村貌提升是指通过对村庄环境进行改善和升级，提升村庄的整体形象和品质，促进村庄经济、文化和社会发展的一系列行为。具体的内容包括：

（1）建筑环境的改善。包括对村庄建筑、道路、广场、公共设施等进行维修、改造和更新，提高村庄建筑环境的整体质量和舒适性。

（2）环境卫生的提升。包括对村庄的垃圾、污水等进行处理和清理，减少环境污染和卫生死角，提高村庄环境的整洁度和卫生水平。

（3）自然生态的保护。包括对村庄周边的自然景观、生态环境进行保护和修复，提高村庄的生态环境质量和美观度。

（4）乡土文化的传承。包括对村庄的传统文化、民俗风情等进行保护和传承，提高村庄文化内涵和历史价值。

（5）旅游资源的开发。包括对村庄的旅游资源进行开发和利用，提高村庄的知名度和经济效益。

（6）社会管理的改进。包括加强村庄的管理和服务，提高村庄的社会治安和居民安全感，促进村庄社会和谐稳定。

◉　村庄规划的基本原则是什么？

（1）以人为本的原则。始终把农民群众的利益放在首位，充分发挥农民群众的主体作用，尊重农民群众的知情权、参与权、决策权和监督权，引导他们大力发展生态经济，自觉保护生态环境，加快建设生态家园。

（2）因地制宜的原则。结合当地自然条件、经济社会发展水平、产业特点等，正确处理近期建设和长远发展的关系，切合实际地部署村庄各项建设。

（3）生态优先的原则。遵循自然发展规律，切实保护农村生态环境，展示农村生态特色，统筹推进农村生态经济、生态人居、生态环境和生态文化建设。

（4）保护文化、注重特色的原则。保护村庄地形地貌、自然机理和历史文化，引导村庄适宜的产业发展，尊重健康的民俗风情和生活习惯，注重村庄生态环境的改善，突出乡村风情和地方特色，提高村庄环境质量。

◉ 村庄规划包括哪些内容？

根据《村庄和集镇规划建设管理条例》，村庄规划分为村庄总体规划和村庄建设规划两个阶段进行。村庄总体规划包括村庄的位置、性质、规模和发展方向，村庄的交通、供水、供电、邮电、商业、绿化等生产和生活服务设施的配置。村庄建设规划应当在村庄总体规划指导下，具体安排村庄的各项建设。村庄建设规划包括农业生产用地布局及为其配套服务的各项设施；村庄居住、公共设施等用地布局；道路、给水、排水、供电等基础设施；环境卫生设施的分布、规模；防灾减灾、防疫设施规划；分期建设安排及近期建设规划。

◉ 村庄总体规划布局要遵循哪些基本原则？

（1）全面综合地安排村庄各类用地。对村庄中各类用地统筹考虑，优先安排好包括居住、公建、道路、广场、公共绿化在内的生活居住用地，统筹好村庄发展的生产建筑用地，处理好村庄建设用地与农业用地的关系。

（2）集中紧凑，既方便生产、生活，又降低村庄造价。村庄用地布局适当紧凑集中，体现村庄"小"的特点。禁止套用城市总体规划布局的模式，避免造成村庄建设的浪费和破坏村庄的良好格局。

（3）充分利用村庄自然条件，体现地方性。如河湖、丘陵、绿地等，均应有效地组织起来，为居民创造清洁、舒适、安宁的生活环境。对于地形比较复杂的地区，更应善于分析地形特点，形成具有地方特色的村庄布局方案，以便村庄居民能够"望得见山，看得见水，记得住乡愁"。

（4）对村庄现状，要正确处理利用和改造的关系。总体规划布局应适应村庄可持续发展的规律并与其取得协调。做到远期与近期有一定联系，将近期建设纳入远期发展的轨道。

◉ **村庄发展有哪几种模式？**

根据村庄的发展类型把村庄发展分为带型村庄、集中型村庄和组团型村庄三种模式。

◉ **什么是带型村庄？**

带型村庄主要分布在河道、湖岸、干线道路附近，这些村庄的布局是考虑接近水源和生产地、方便交通和贸易活动等因素而形成的。村庄的布局多沿水路运输线延伸，河道走向和道路走向往往成为村庄展开的依据和边界。在水网地区，村庄往往依河岸或夹河修建；在平原地区，村庄往往以一条主要道路为骨架展开；在丘陵地区，由于村庄没有相对平坦的开阔地，山地地形限定了若干的自然空间，村庄往往依山地地形和走向建设，周边以山林为主，围合感较强，村庄边界以自然限定，形式比较自由。由于受地形限制，村庄呈带型组织模式发展。

◉ 什么是集中型村庄？

集中型村庄布局模式多出现在地势平坦的平原地区，是大型传统村庄的典型布局模式。村庄内部有一个或几个点状中心，村庄居民或围绕点状中心层层展开，或以这种点状中心为居住区中心。这种点状中心有的位于村庄形态中心，有的位于河道尽端或道路交叉口。集中型村庄街巷多呈网络状发展，主街和次巷脉络清晰，村庄形态机理内聚性强，又易于随着村庄扩大逐步沿路拓展延伸。

◉ 什么是组团型村庄？

组团型村庄布局形态常见于地形较复杂的较大村庄，受自然地形影响，由于地势变化比较大，河、湖、塘等水系穿插其中，村庄受到河网及地形高差分割，形成两个以上彼此相对独立的组团，其间由道路、水系、植被等连接，各组团既相对独立又联系密切。组团式布局是顺应自然的一种做法。这种布局模式在丘陵地区表现得更为明显，数个农田或山丘紧密结合的分散组团（或住宅群）构成一个村落。

◉ 我国农村住宅有哪几种类型？

我国农村住宅按照不同功能设计可以分为自用型、经营型和职工型三种。其中，自用型住宅主要服务农村居民居住需要，经营型住宅主要适合农村中从事个体经营的家庭，职工型住宅主要考虑农村规模以上企业的需求。

● 农居设计建造方面有什么要求？

农居是农民居住、休息和交往的场所，我国地形地貌复杂多样，风俗习惯千差万别，长久以来形成了各具民族、地域、文化特色的建筑风格，在农居设计上不能一种模式、一张图纸，必须因地制宜、风格多样。在建造上满足以下要求：

（1）安全性。基础要扎实稳重，避开泥石流、山体滑坡和土质疏松地带，尽量采用轻钢、钢筋混凝土、新型竹木结构，墙体多采用防火材料，屋顶要轻量化，并安装有防雷电设施。

（2）功能性。按照房屋使用功能进行设计和布局，卧室、起居室、堂屋、库房、卫生间、厨房、禽畜圈等生产生活用房数量充足、布局合理、方便使用，房间大小、高度、采光、通风、噪声等符合有关要求。

（3）经济性。尽量使用本地材料，做到材料运用不浪费，不搞花架子装饰，在保障农房安全的前提下，尽量降低建造成本、提高居住舒适性。

（4）环保性。尽量采用节能环保建材和装饰材料，尽量多利用光照、通风、集雨等自然资源，多使用高效率光源和节水用具。

● 农村住宅建设的原则是什么？

（1）遵循适用、经济、安全、美观和节地、节能、节材、节水的原则，建设节能省地型住宅。

（2）住宅建设应贯彻"一户一宅"政策，并根据主导产业特点选择相应的建筑类型。以第一产业为主的村庄应以低层独院式联排住宅为主，以第二产业、第三产业为主的村庄应积极引导建设多层公寓式住宅。限制建设独立式住宅。旅游型村庄应考虑旅游接待需求。

（3）住宅平面设计应尊重村民的生活习惯和生产特点，同时注重加强引导卫生、舒适、节约的生活方式。

（4）住宅建筑风格应适合乡村特点，体现地方特色并与周边环境相协调。保护具有历史文化价值和传统风貌的建筑。

◉ 宅基地选择要遵循哪些基本原则？

一是地块必须满足适建标准，如适应当地气候、地理环境及居住习惯，满足卫生、安全防护等要求。二是地址应内外交通联系便捷，充分利用周边已有配套设施，满足居民合理的耕作、生产出行方便，必须做到不占用基本农田。

◉ 对农村住宅建设有什么要求？

一是宅基地标准。人均耕地不足 1 亩的村庄，每户宅基地不超过 133 平方米；人均耕地大于 1 亩的村庄，每户宅基地面积不超过 200 平方米。具体按县（市、区）人民政府规定的标准执行。二是单户住宅建筑面积。三人居以下不超过 150 平方米，四人居不超过 200 平方米，五人居及以上不超过 250 平方米。

◉ 村庄绿化规划的重点是什么？

（1）宜将村口、道路两侧、宅院、建筑山墙、不布置建筑物的滨水地区以及不宜建设地段作为绿化布置的重点。

（2）保护和利用现有村庄良好的自然环境，特别要注意利用村庄外围和河道、山坡植被，提高村庄生态环境质量；保护村中的河、溪、塘等水面，发挥其防洪、排涝、生态景观等多种功能。

（3）村庄绿化应以乔木为主、灌木为辅，植物品种宜选用具有地方特色的多样性、经济性、易生长、抗病害、生态效应好的品种，并提倡自由式布置。

◉ 对村庄道路系统规划有什么要求？

（1）满足生产、生活的交通需求。

（2）满足村庄安全的要求，主要考虑消防通道、避震疏散通道和人行、车行安全。

（3）紧密结合地形，应尽可能绕过不良工程地质和不良水文工程地质。

（4）满足村庄景观的要求，考虑自然景色、沿街建筑和视线通廊等因素，塑造统一、丰富的道路景观。

（5）考虑道路纵坡和横坡设计，便于地面水的排除。

（6）满足各种工程管线布置的要求，规划建设应综合考虑管线综合规划，考虑给予管线敷设足够的用地，且给予合理安排。

◉ 我国农居建设有哪些新型结构技术？

（1）新型砌体结构技术。砌体结构由于施工简单、工艺要求低，目前仍是我国中小城镇和广大农村地区的主要建筑结构形式。新型砌体结构技术主要采用新型砌体材料替代黏土砖砌块，具有节省耕地、保护环境、节约能源的社会效益与经济效益。

（2）钢筋混凝土结构技术。钢筋混凝土是一种节能材料，重量轻、强度高、抗裂性能好、价格便宜，可以充分利用地方砂石材料和工业废料。钢筋混凝土结构体系可以充分利用钢结构强度高、抗拉性能好和混凝土结构刚度大、抗压性能好的优点，降低结构成本与节省材料，从而节省土地。

（3）钢结构技术。钢结构是一种体现绿色建筑原则的结构形式，新结构边角料和旧结构拆除后都可以回收利用。同样规模的建筑物，钢结构建造过程中二氧化碳的排放量只相当于混凝土结构的65%，且钢结构为干施工，很少使用砂、石、土、水泥等散料，从而从根本上避免了尘土飞扬、废物堆积和噪声污染等问题。同时，钢结构体系由于连接的灵活性，可以采用各种节能环保型的围护材料，从而带动节能环保型建筑材料的推广应用。

（4）竹木结构技术。竹木结构建筑是一种绿色建筑。木材独特的物理构造，使其具有良好的保温隔热性能。为达到同样的供暖、降温效果，木结构所消耗的电能仅是砖混结构的70%左右。木材生产时一氧化碳和二氧化碳的排放量仅为钢材的1/3左右。此外，木材是可再生资源，也可再利用，拆卸下来的木料可再用于建设，即使小料也可用作能源、造纸等进行再利用，木结构消耗的能源最少，产生的污染也最少。

◉ **农村建筑节能技术包括哪些内容？**

农村建筑节能技术除了降低建筑运行能耗外，还可以通过降低建筑材料制造和建筑建造过程中的能耗来实现建筑节能。具体技术措施如下：

（1）降低建筑材料制造能耗。包括将生产砖瓦的普通砖窑改造为轮窑、隧道窑、立式节柴窑等节能窑；将生产的产品实心砖改为空心砖；采用小水泥节能技术，降低单位水泥生产能耗；换装新式节能建筑施工设备。

（2）降低建筑的冷热耗量。一是结合气候特点并经专业规划布局，使住宅选址合理，平面布局整体外形尽量减少凹凸部分，从而降低环境温度对住宅能耗的影响；二是通过围护结构改进设计，使用复合墙体建设技术，采用岩棉、水泥聚苯板、硅酸盐复合绝热砂浆等节能建筑材料，采用增加窗玻璃层数、窗上加贴透明聚酯膜、加装门窗密封条，使用低辐射玻璃、封装玻璃和绝热性能好的塑料窗等加强门窗绝热性能，屋面采用高效保温屋面、架空型保温屋面、浮石沙保温屋面和倒置式保温屋面等节能屋面降低外墙传热系数，从而提高围护结构的整体热阻性能。

（3）提高采暖空调系统的能源利用效率。包括采用省柴节煤采暖炉灶或节能锅炉，提高效率；加强如架空炕烟道等空调系统结构布局和气密性设计，减少损耗；建设被动式太阳能利用设施，如日光温室以及地源热泵等。

◉ 农居微环境改善有哪些应用技术？

1. 室内通风技术

北方寒冷地区传统民居的南向墙面往往开窗很大，而北向墙面往往开很小的窗户，或不开窗。由于北方冬季寒冷、夏季酷热，大面积开窗可以获得更多的冬季采光，增加室内的温度和亮度，夏季可以更好地通风，使室内凉爽。还有少数人家开北窗，以便使通风舒畅，秋季以后则封窗缝。南向窗户尽量敞开，北向尽量不开或少开。

民居南北墙面开口的布置对于室内空气流通也有较大影响，夏季多对位布置，并且位于房间正中，则容易形成房间中部的穿堂风，通风直接流畅、质量高。到了冬季，风向转为西北风，北向不开窗或开小窗（冬季密封）以阻止冷空气进入室内，风通过南向门窗进入室内，但由于开口位置短，通风效果一般，有利于室内保温。

2. 低成本遮阳技术

遮阳设施的应用能够有效降低建筑物夏季空调能耗的 10%～20%，建筑遮阳技术对于夏热冬冷、夏热冬暖等夏季气候炎热的地区，可以有效降低住宅建筑室内冷负荷，缓解我国能源紧缺的态势。

建筑遮阳技术按其位置不同一般可以分为内遮阳、中间遮阳和外遮阳；按其使用时可否调节可以分为固定遮阳和活动遮阳；按照遮阳设置时间长短可以分为临时性遮阳和永久性遮阳等。

遮阳系统的选择需要考虑建筑物所在的地理位置、气候条件、建筑与窗户朝向、建筑物类型和使用用途，建筑物周边建筑的遮挡情况，以及使用者出于对自身经济利益和使用舒适性的考虑。我国乡村住宅本着经济实用的原则，通常采取固定式外遮阳与活动式内遮阳相结合的方式。

除了构件遮阳，利用绿化遮阳也是一种经济而有效的措施，特别适用于乡村低层住宅。绿化遮阳是通过在建筑物周围或者建筑构件上配置各种绿化来遮挡太阳直射辐射，其主要形式有建筑物附近种植树木或者灌木、建筑物屋顶绿化、建筑物墙面上的垂直绿化遮阳等。这些绿化可以借助于植物自身的光合作用，蒸腾、蒸散作用和光调节作用，将太阳辐射转化为新的能量形式消耗掉，同时在这个过程中吸收周围环境的能量，降低环境温度，促成能量的良性循环利用。

3. 绿化种植技术

通过绿化来调节微气候可以减弱建筑物因技术手段的不足而造成的居住环境质量的问题，而且建设自然生态、简便易行。人类自古就十分重视建筑物与植物绿化的结合。在农村住宅建筑的庭院内和周边广泛种植树木植被，可通过其光合作用及蒸腾作用有效遮挡阳光、降低环境温度、减少空调能耗、净化空气、隔离噪声，起到良好的改善环境的作用。

实验证明，在树高 5～10 倍的距离范围内最具有防风的效果，8 米以上的大乔木降温可达 2.8 摄氏度，5～8 米的小乔木降温可达 2.0 摄氏度，灌草类型降温可达 1.2 摄氏度，而草坪的降温效果就只有 0.6 摄氏度。

从建筑物理学的角度来看，植物枝叶之间以及植物与建筑物之间滞留的空气间层形成了气候缓冲层，不论是对严寒还是酷暑都会产生阻隔防护作用，植物随季节的形态变化能对气候缓冲层起到调节作用。

◉ 在乡村建设中如何保护生态景观？

（1）乡村建设规划设计方面，应顺应自然山水格局，保持山体、水系和自然地形地貌空间格局特征，保护和恢复原生生物群落和生态系统，延续地域文化景观特征，实现"绿脉""文脉"和景观格局的持续传承与发展。

（2）在农业农村建设工程技术上，要大力推进不同景观特征区域保护、恢复、提升和重建的措施。

（3）文化遗产是当地最具地域特色和场所精神的景观，乡村建设应挖掘当地历史文化和风俗习惯，保留重要文化线路和原有乡土、民俗和休闲用地，修复或再现文化遗产景观，形成具有地域特征的标志性文化景观。

（4）深入挖掘乡村景观的美学和文化价值，充分利用乡土植物、乡土材料和传统技术与工艺，修复地域景观，保护、延续并提升乡村景观风貌。

（5）加强乡村景观特征提升，运用丰富多彩的乡土植物，模拟自然群落的结构组成，营造季相变化丰富的植被景观，提升乡村风貌的景观多样性。

◉　农村河道生态景观设计和建设的原则和要求是什么？

（1）保持原有河流形态和生态系统。依形就势，尊重原有自然河道，尽量减少人为改造，保护自然水道，以保持天然河岸蜿蜒柔顺的岸线特点，保持河道的形状和形态的自由性，保持水的循环性和自动调节功能。在满足河道、堤防安全的前提下，确定河流宽度、横面设计、缓冲带建设和绿化植物配置方式等。

（2）生态设计优先。尽量保持原有生态系统的结构和功能，特别是河岸带原有植被廊道的保护，并根据条件进行适度的工程、生态修复和整治。规划设计应贯彻自然生态优先的原则，保护河溪及两侧生物多样性，尽量采用滨水区自然植物群落的生长结构，增加植物的多样性，建立层次多、结构复杂多样的植物群落，发挥植物的生态效益，提高自我维护、更新和发展的能力。

（3）提高河岸抗洪能力。在水流较急、河岸侵蚀较强烈的地区采用混凝土、石砌护岸，将工程、生物技术相结合，综合提升河道生态景观服务功能。在植物选择上，尽量选择乡土树种，特别是具有柔性茎、深根的植物可固定河岸，防止土壤侵蚀。

（4）增加滨水地带开放性。在河溪缓冲带设计时，建立适度的开放空间，增加景观的连续性和通达性，以方便水生、陆生动植物的迁移、交流，使人们有机会去亲近河溪，满足人类亲近自然的需求。根据不同区段的规划要求，采取多种方式，构建生态廊道、文化休闲区和滨水生态观赏区，并形成自然起伏多变、高低错落有致，形成连续、丰富多变的开敞空间形态。

（5）提高滨水地带文化特征。尊重地域历史和文化发展过程，结合当地文化、风土人情和传统，构建滨水区的特色地域景观，提高景观的历史与地方文化内涵，使滨水地带成为自然与文化、历史与现代和谐共生的空间。在维持和保护滨水区的自然形态和生态环境的前提条件下，适度考虑开发滨水区的经济价值，带动当地商业、服务业、休闲旅游业的发展。

◉ 农田生态景观建设有什么要求？

农田生态景观是农田中由无污染的、健康的不同类型土地利用镶嵌体形成的优美的、能够重温乡村记忆并给人以独特感知体验的景观，如云南元阳哈尼梯田、青海门源油菜花等。农田生态景观既保护农业生产，又具有观光旅游休闲功能。保护好农田生态景观，要做到以下几点：

（1）要采用有利于资源环境保护的耕作制度。因地制宜开展轮作、间作和套种、混种等多种模式，以及免耕休耕措施，既保护了土壤，也美化了农田。

（2）要保护好农田生物多样性。少施化肥农药，多用有机肥和病虫害绿色防控技术，保护好青蛙、蛇、麻雀等害虫的天敌，维护生物多样性和生态平衡。

（3）要力所能及地建设一些小微型生态环保设施。如在农田与河流之间建设植物隔离带，为有益生物提供繁殖栖息地；美化农田边界、沟渠路缓冲带和机耕道路；建设农田生态沟渠，种植水生植物，减少氮磷流失等。

◉ 农田渠道生态景观建设有什么要求？

（1）严格按照各地农田基本建设标准设计排灌渠道和网络。对于水资源较少的地区，如果采用明渠灌溉，灌溉渠道可以考虑各种类型的硬化方式，防止水分渗漏。对于排水沟，应尽量减少硬化方式，采用生态化护坡，具有渗透性的渠道。

（2）加强沟渠两侧缓冲带建设，积极开展生态护坡，有效控制面源污染，控制水土流失，营造美化廊道景观。

（3）护坡植被宜采用灌木、地被植物相结合，保持环保自然、沟渠疏通。

◉ 湿地（坑塘）生态景观建设有什么要求？

（1）较大的湿地要考虑区域水系的完整性，在分析区域生物多样性保护和水系完整性的基础上，确定湿地生态修复的内容和目标。

（2）建设符合当地景观环境的湿地，如在洪水地区加强控制洪水的湿地建设，其他的主要目标有废水处理、提供野生动物栖息地、娱乐教育等，即使是生物多样性目标，不同的重点保护物种，湿地建设工程内容也不同。

（3）充分考虑湿地植物与水深、水质和水体覆盖之间的关系，进行湿地物种选择。

（4）维护自然水流，尽可能维持排水的自然模式，如河流中的营养物质流经湿地，由于营养物质自然沉淀，获得自然能源，有利于湿地动植物的生长。

（5）从边缘土堰到水体间连续的缓坡适宜动植物栖息，土堰一般不用水泥，要有效利用土桩、树枝栅、沙袋、石块等天然材料，结合植物缓冲区开展水体修复。

（6）维护生态系统的贮存功能，在水面最深处的池底中心位置应向下挖 20～30 厘米形成凹坑，作为枯水期干涸时水生生物的避难所，同时还可以在干涸时保持池底土的湿度，以防止池底土龟裂导致遮水层恶化。

（7）在水域流出部做砌石处理并用黏土填缝，为防止水流对流出部及溢水流下部床面的掏挖，应在这些地方铺砾石和碎石，在适当位置打入原木桩。

（8）湿地应兼具功能与景观，模仿自然生态系统，不要有过度的工程设计，设计应体现人性化；充分利用乡土植物进行不同层次空间的植被绿化，形成优美亲水景观，在紧靠水面的地方提供水边的环形小路，满足人们的亲水需求。

（9）保存自然的特性，防止淤积和浑浊，保护水体的健康；筛选引入适合的水生植物，确定植物的栽种位置和栽种间隔，使得栽种范围内的全部植株配置接近自然状态。

● **农村道路生态景观设计有什么要求？**

农村道路生态景观设计应符合地域特征、充分利用乡土植物；避免穿越生态敏感区，防止生境破碎化，对于大型动物的迁移通道要建立生态桥和涵洞；设计规划要充分体现乡村的独特风情，营造生态环保型的景观道路；道路绿化建设工作应先保护后绿化，如保护地标树和乡土林；绿化应乔、灌、草结合，注意植物的合理搭配，维护物种多样性；有利于车辆安全行驶，构建多样化的开阔空间；生态路面的设计重点在于路面结构层的透水性和透气性，要根据道路等级、车流量，合理确定道路硬化方法；避免目前很多田间道路走向两极化，没有硬化或是过度硬化的情况；要重视道路两侧护坡、缓冲带建设。

● **村庄绿化建设有什么要求？**

村庄绿化要秉持"生态优先、发展与保护并重、以人为本"的原则，通过绿化、美化、优化和亮化改善村庄生活环境。

（1）除保护生态环境、改善生产条件、改善农民居住环境的作用外，充分发挥景观的绿化、净化和美化的功能，坚持点线面相结合的景观营造原则。

（2）保留地方的乡土特色，一方面要营建富有地域乡土特征的林地景观，另一方面，要保留地方的传统生态农艺措施，融合乡土知识，促进林地可持续发展。

（3）依据村庄总体规划，根据村庄所处的自然环境条件，突出农村特色，展现田园风格，充分利用树木花草的形态、色彩、轮廓之美，营造出村庄绿化优美的景观。

（4）造林树种要逐渐提高乡土树种比例。

（5）设计需要考虑地方文化的保护，与筑堤、沟渠、砌石、自然驳岸等农田基础建设相结合，提升价值，农田基础建设注意进行林地立地环境保护，减少破坏和干扰。

（6）要依据村庄的地理位置、自然条件选择树种、优选苗木，做到因地制宜、适地适树。农民住宅庭院绿化可选择有花、有果、有经济价值又有观赏价值的树种；环村林带和集中片林要选择多种针阔、乔灌树种，合理混交；村庄公共场所、民俗村景区应注重选择春季开花、秋季彩叶等美化村容村貌、具有观赏价值和景观效果的树种。

◉ 如何开展庭院美化绿化？

农户庭院是农民生活、休憩、社交和储物的场所，在美化绿化上要将观赏、经济、实用三者结合起来。

（1）在品种选择上，尽量种植本地植物，不宜种植太多高大树木，不宜种植有毒植物和易生虫植物。

（2）在品种搭配上，对落叶植物和常绿植物要间插搭配，对耐阴和喜阳植物要合理搭配，对乔木植物和蔬菜瓜果也要合理搭配。

（3）在时令安排上，要选择不同时令季节的植物和花卉搭配在一起，做到四季有花、常年有果，夏天的花香还可以驱蚊。

（4）在功能配置上，除了观赏、经济外，还要实用，如种植乔木用于乘凉或用作晾晒支架，留出农用车辆旋转空间、农作物晾晒空间、家禽家畜活动空间等。

◉ 什么是村规民约？

村规民约是传统中国乡土社会生活中自发形成的，包括经文人整理修订的成文规则和不成文的生活习惯，是维系乡村秩序的准则。村规民约一般由村委会召集村民开会讨论，然后归纳整理成文，并上报乡镇人民政府或其他主管部门批准、备案。制定好的村规民约采取每户分发、每组分发及张榜或者立碑公示的方式告知全体村民，要求大家严格遵守。

◉ 什么是传统村落？

传统村落是指聚居年代久远，拥有丰富的物质和非物质形态文化遗产资源，具有历史、文化、科学、艺术、社会、经济价值，应予以保护的村落。中国传统村落承载着中华传统文化的精华，是农耕文明不可再生的文化遗产；传统村落凝聚着中华民族精神，是维系华夏子孙文化认同的纽带。

◉ 传统村落有哪些特点？

传统村落是与物质和非物质文化遗产大不相同的另一类遗产，它是一种生活生产中的遗产，同时又包含着传统的生产和生活。

（1）它兼有物质与非物质文化遗产特性，而且在村落里这两类遗产互相融合，互相依存，同属一个文化与审美的基因，是一个独特的整体。

（2）传统村落的建筑无论历史多久，都不同于古建；古建属于过去时，乡土建筑是现在时的。

（3）传统村落不是"文物保护单位"，而是生产和生活的基地，是社会构成最基层的单位，是农村社区。

（4）传统村落的精神遗产，不仅包括各类非物质文化遗产，还有大量独特的历史记忆、宗族传衍、俚语方言、乡约乡规、生产方式等，它们作为一种独特的精神文化内涵，因村落的存在而存在，并使村落传统厚重鲜活，还是村落中各种非物质文化遗产不能脱离的"生命土壤"。

◉ 村容村貌整治提升的主要内容有哪些？

（1）农宅院落的整治提升。包括农宅风貌整治提升、庭院环境整治提升、农宅整治功能优化等。

（2）公共空间整治提升。包括空间环境整治、空间景观提升、无障碍环境建设等。

（3）道路街巷整治提升。包括道路系统优化、道路功能完善等。

（4）绿化美化整治提升。包括村旁、宅旁、路旁、水旁、公共空间绿色，以及山体、农田、水体、林地美化等。

（5）环境卫生整治提升。包括农村垃圾整治、农村污水整治、农村厕所革命等。

（6）村落保护整治提升。包括村域环境、格局风貌、传统（风貌）建筑、传统文化等。

◉ 农宅院落整治的总体要求是什么？

必须同区域气候和地形地貌相匹配，同当地文化和风土人情相协调，同地方社会经济发展能力相适应，遵循村庄发展规律，尊重村民意愿，体现乡村特点，留住田园乡愁。

（1）整洁有序、美丽宜居。消除房屋与环境的安全隐患，规范农宅建筑布局，避免大拆大建和过度装饰，协调农宅建筑风貌，实现建筑外观整洁有序，并在尊重当地居民生活习俗前提下，引入现代服务设施，改善居住条件，提升居住舒适度。

（2）满足生产、经济适用。农宅院落布局应充分考虑并尊重当地村民生产生活方式，适应乡村产业发展的需求，满足村民农具贮藏、饲养、农用车停放与花果种植的空间需求。鼓励采用新型节能材料，注重就地取材，降低建造成本。

（3）特色营建、突出地方特色乡愁保留乡韵。结合各地差异，突出地方特点、文化特色和时代特征，促进村庄形态、自然环境与传统文化相得益彰，打造各具特色的美丽宜居村庄。

◉ 农宅风貌整治提升的主要内容有哪些？

（1）屋顶整治提升。包括屋顶清理、屋顶修缮、屋顶美化等，要求清理屋顶脏乱，更新、修缮老旧建筑屋顶，鼓励对位于重要交通沿线及重要形象界面的农宅屋面进行适度改造，如平改檐、平改坡、细部装饰等。

（2）墙面整治提升。包括对破损墙体进行拆除、清洗、修补和改造，根据地域特性及气候条件，选择经济耐用、绿色环保的墙面工程材料。

（3）门窗整治提升。包括外窗整治、外窗设计、外窗选择、外门选择等。

（4）色彩整治提升。突出农宅的自然美，尽可能使建筑人工色彩从属于自然色彩、融入自然色彩之中。突出地方文化特色，注重本地传统文脉的延续，加强民居建筑的识别性。

◉ 庭院环境整治提升的主要内容是什么？

以打造"洁化、序化、美化、绿化"庭院为目标，从功能布局入手，针对庭院空间利用率低，功能分区不明确、布局混乱、环境质量差等问题，把庭院空间明确划分为居住空间、附属空间、交通休闲空间、绿化空间，丰富庭院的空间层次，提升空间质量；同时增加庭院绿化，修缮围墙大门，改进庭院铺地，使之成为环境优美，舒适宜居的现代农村庭院。

（1）庭院空间可安排凉台、棚架、储藏、蔬果种植、农机具放置、畜禽养殖等功能区。

（2）院内、房前屋后无积存垃圾，庭院内路面干净整洁，物品堆放有序。

（3）在宅前屋后、农宅庭院开展植绿美化活动，种植具有地方特色、易生长、抗病害的经济作物、观赏果林等绿化植物，庭院里的高大树木应与住房保持适当距离。

（4）采用地方乡土材料，对花池、菜园边缘的隔墙、栅栏等进行改造，通过增设具有乡土气息的景观小品，丰富美化庭院环境。

（5）通过改变铺装材质，例如压印混凝土地坪、彩色混凝土、透水砖、植草砖或本地常用材质等，以及改变敷设工艺的方式，丰富庭院环境、提高居住品质。

（6）围墙整治可根据实际需要，采用实围墙、镂空围墙、绿植围墙、隔断等四种类型。

◉ **村庄公共空间整治的基本要求是什么？**

（1）立足本地实际情况，从易实施、易见效的环境卫生问题入手实施先行整治。在此基础上，加快提升村庄公共空间品质。

（2）充分遵循所处自然环境肌理，以山形地势、水系田园为依托，保护和延续村庄传统营建形制。

（3）保护传承当地营建技艺、材质、色彩等文化元素符号，结合地域、气候、民族、风俗特征，突出乡土特色和地域特点。

（4）考虑老年人、残疾人和少年儿童活动的特殊要求，积极推动村庄无障碍设施改造建设。

◉ **村庄空间环境整治的主要内容是什么？**

（1）整治残垣断壁。依法依规清理无保护、无利用价值的老旧住宅，对长期无人居住、无人修缮的废弃房屋及残垣断壁开展清理，实现村庄建筑整齐整洁。

（2）清理乱堆乱放。清理村庄农户房前屋后和村巷道柴草堆、杂物堆，清除占道砖瓦灰料等建筑材料、农业生产废弃物、废弃木料等。

（3）拆除乱搭乱建。对在村庄街巷、主干道路两侧、房前屋后私自搭建、影响村容村貌的临时棚舍、废弃杆线等进行全面拆除。加强农村电力线、通信线、广播电视线"三线"维护梳理，对违规搭挂线路进行治理,消除安全隐患。

(4)清理村内塘沟。以房前屋后河塘沟渠、排水沟等为重点,清理水域漂浮物。有条件的地方实施清淤疏浚,采取综合措施恢复水生态,逐步消除农村黑臭水体。

(5)整治乱贴乱画。对农村电杆、建筑物立面上的"野广告"进行全面清理,对各类广告牌的非规范宣传内容进行全面清理,引导广告标识统一规划、规范设置。

◉ 村内公共活动空间整治提升有什么要求?

(1)广场或文体活动场地应选择具有村内地标特质的地点,如村委会、历史古迹等,或者村民居住比较聚集的区域。

(2)突出地域特色,通过景观小品,铺装样式等形式体现当地风土民俗和文化宣传。

(3)结合当地村民的生活习惯与生活需求,增强广场或活动场地的参与性。

(4)大小活动空间相互联动,除去较大场地外,在村内形成多点小型活动场地,利用现有资源并考虑当地村民生活习性进行多点设计,更加贴近村民生产生活。

(5)避免城市化,建设材料应选用当地本土材料,就地取材、体现当地特色。

(6)场地要考虑各类人群需求,增加和完善活动场地、运动场地、儿童活动区、党建文明宣传栏等设施建设。

(7)景观性和实用性相结合,符合现代审美要求,同时体现地域风貌特点和传统人文特色。

◉ 村庄公园整治提升有什么要求？

村庄公园是在村庄内或村庄周边以一定面积的林地景观为核心，依托乡村自然环境，整合乡村自然资源、田园景观、风土民俗等资源要素挖掘其观光、旅游、休闲价值，为当地居民和游客提供休憩、康养、文娱等公共游憩空间。

（1）公园的内容和功能要考虑当地村民和游客对公园活动的需求，并与城市公园活动项目有所差异。

（2）园路系统组织要因地制宜和经济合理，根据不同功能区分道路等级，满足公园规范要求。

（3）公园建筑要体现地方历史文化特色，美观舒适，贯彻"少而精"的原则，原则上不设置大体量单体建筑，建筑布局采取分散或组合的形式。

（4）景观组织要根据生态优先、因地制宜、经济合理的原则，保留原有生态植被，对园路两侧植被适当调整和充实，提高游览线路的植物景观水平，重点对公园入口和园内景点周边植被做适当调整，增加开花植物，提高公园的景观性。

（5）公园排水方面要解决后勤管理用水、公厕给排水和绿化用水，做好污水处理，保护生态环境。

（6）公园内电气系统应选用节能环保装置，解决公园内照明及用电需求。

◉ 滨水空间整治提升有什么要求？

（1）恢复防汛功能，河道绿化横向应满足河道断面规划要求，兼顾防汛和亲水设施需要。整理护坡、不稳定的河床基础，以满足防汛、安全等要求，恢复自然生态岸线。

（2）打造自然生态驳岸，驳岸形态尽量以自然曲线为主，避免人工化、形式感过强的硬质驳岸形态。尽量以软质的缓坡驳岸为主，岸边水生植物自然搭配种植，营造多样化的植物生境，强调滨水景观的自然与生态。

（3）营造滨水景观，增添适宜当地的水生驳岸植物，搭配形态各异的水景石，提升生态净化水质，丰富滨水景观带。增加必要的活动设施、服务设施、照明设施，达到"水清、岸绿、景美"的要求，从而营造出近水、亲水、傍水而居的景观效果。

◉ 村庄入口整治提升有什么要求

乡村入口景观是连通村落内部空间与外部空间的重要交通节点与景观节点，是整个乡村景观序列的起始部分。它具有一定的引导作用，并且在营造空间氛围、提升空间吸引力和加强文化宣传方面起到不可忽视的作用。

（1）选址科学，安全合理，入口空间属于交通要道，应避免自然灾害对其的影响，宜平坦、开阔、使其交通通畅。距离村庄居民区有一定的距离，使内部安静舒适。入口大门标识牌结合周边建筑、植物体量和风格，与其相协调。

（2）突出当地文化，入口景观围绕乡村文化特色，将当地传统文化、民风民俗、历史背景与景观设计融合在一起，使人们能够一进入到乡村就能感受到浓厚的地域特色。

（3）入口标识多样化，标志性入口可用特色性的标志，如牌坊、标识牌、文化墙、景石、古树等景观元素，让人能够直观地辨别出乡村入口。应就地取材，节省经费，同时体现出原汁原味的乡土气息。在空间上能够进行明确的分割与界定，具有一定的指引性作用。

（4）丰富入口功能性，在满足入口指引性的前提下，明确入口功能区划分，增添停车场、集散广场、文化宣传展示、交通疏导等功能区，全方位地满足不同人群的使用。

◉　村庄道路整治提升有什么要求？

（1）优化农村道路系统，满足安全、便利、出行要求，并符合防灾救灾、环境卫生等规定，满足相关规范要求。

（2）保证通行安全、高效的前提下，统筹建设交通安全设施、道路排水设施、停车设施和安全防护设施，对铺装、硬化、绿化以及其他附属设施建设体现乡土特色，打造具有特色风貌的村庄道路。

（3）村庄过境道路应位于村庄边缘，村庄内部道路应合理设置与过境道路的开口数量和位置，确保村庄内部交通的畅通和安全。村庄道路宜结合村庄的山林资源、人文资源、田林资源等，预留发展慢行交通的条件，创造良好的旅游休闲环境。

（4）历史街道应进行保护和修复，禁止社会车辆和大型车辆进入，避免对历史街道本体遗存破坏性建设，并做好与周边地区的交通连接。

◉　村庄绿化美化的总体要求是什么？

（1）保护乡村自然生态。根据村庄现状条件，加强对村庄自然生态环境的保护，促进人文景观与自然景观的和谐统一。保护乡村自然生态系统的原真性和完整性。

（2）增加生态绿化空间。开展村旁、宅旁、水旁、路旁（"四旁"）绿化，提升公共空间生态环境，完善和补充农田（牧场）林网建设，对村内能够绿化的空地尽可能全部利用，提高全村域内绿化覆盖率。

（3）发展绿色生态产业。结合当地经济作物种类及特点，优化绿化种植方案，将乡村绿化美化与经济林草产业相结合，促进乡村产业振兴，提高绿色生态附加值，带动农民增收致富。

（4）因地制宜突出特色。根据村庄的自然条件和气候特色，坚持因地制宜，分类推进，做到宜树则树、宜果则果、宜菜则菜、宜草则草、宜花则花，体现乡村特色，防止千村一面。

◉ 村庄绿化美化整治提升的主要内容是什么？

（1）村旁绿化。村庄周围适宜形成环村林带，以高大乔木为主，适当配置中高乔木和灌木，形成自然的村庄边界，既可以有效遏制村庄的无序扩张，也可以对村庄外的噪声、沙尘、废气等起到隔离作用，还可以作为村庄与周边自然环境的生态过渡带。

（2）宅旁绿化。主要是指房前屋后的绿化种植，充分利用空闲地，以小尺度小空间的绿化景观为主，做到见缝插绿，不留裸土，植物品种以花灌木和地被植物为主，结合行道树形成丰富的视觉感官效果。

（3）路旁绿化。主要是指村庄内道路两侧的绿化美化种植，可根据道路宽度及等级选择灵活多样的绿化栽植形式，形成多样化的路旁绿化景观。在树种选择上以树冠庞大、枝叶茂密、树形优美、适应性强的乡土树种为主，同一路段的树种、树型和色彩保持一致。

（4）水旁绿化。主要是整治废弃坑塘、沟渠、水道、溪流、湿地等水体绿化。应把水资源和生态湿地的保护和利用作为第一要求，达到"活水""清水"的生态效果。

（5）公共空间绿化。在村庄内利用建设地块或零星空地建设的公共绿化空间，均为进入式绿地，在植物搭配中应该更注重景观性。植物品种宜选择观赏类乔木与花灌木搭配为主，形式简洁美观，亲切宜人。

◉ 村庄环境美化包括哪些内容？

（1）山体美化。主要是针对村庄周边大面积山体进行绿化美化或护坡治理，达到"山村互融"的景观效果。

（2）农田美化。主要是利用多彩多姿的农作物，通过设计与搭配，在较大的空间上形成大地景观，使得农业的生产性与审美性相结合，成为生产、生活、生态三者的有机结合体。

（3）水体美化。对乡村湖泊、江河、溪流、水库、水塘和沟渠等，以修复自然水体生态系统及景观为目的，避免水体整治中"形态直线化，断面规则化，材料硬质化"的现象。

（4）林地美化。应针对不同种类和现状的林地，分情况分性质进行保护和提升，对现状裸露的林地进行补种和修复；开展环村林、护路林、防风林、护岸林、风景林、康养林、水土保持林等建设，农田、果园、山地、草原等特色景观连成一体，形成布局合理的乡村绿网；对村内零星小面积林地，在不破坏原有林地的基础上可增加活动设施、补种景观植物，形成村内的公共活动空间。

◉ 村落保护的总体要求是什么？

村落保护是指对具有较高的历史、文化、科学、艺术、社会、经济价值的村落开展保护和利用，包括历史文化名村、传统村落和其他具有保护价值的村庄。

村落保护要深入细致调查村落传统资源，分析传统村落特点，评估其历史、艺术、科学、社会等方面价值；明确保护对象，划定保护等级与保护区划，并从村域环境、格局风貌、传统（风貌）建筑、传统文化四个方面提出整体保护、整治与活化利用措施；提出保护发展的目标定位与发展规模，明确村落发展的相关策略，并从村庄群落协调、产业发展、建设用地布局、基础设施与公共服务设施规划、景观风貌规划设计指引等方面提出人居环境发展的相关措施。

◉ 村落保护的主要内容是什么？

村落保护包括村域环境、格局风貌、传统（风貌）建筑、传统文化等四个方面。

村域环境保护主要包括山水格局、田林绿化、选址特征和传统资源的保护，提出景观和生态修复措施以及整改措施。

格局风貌保护主要包括村庄结构肌理、整体风貌和街巷空间的保护与整治措施。

传统（风貌）建筑保护是指对村庄内的传统（风貌）建筑种类、建筑组合、建筑特色和建筑细部进行保护，提出建筑物、构筑物进行分类保护和整治措施。

传统文化保护是指注重传统文化的真实性、整体性与延续性，加强非物质文化遗产与传统文化的挖掘、保护、展示和利用。主要包括传统文化及依存场所、载体的保护与利用；传统建造工艺的保护与传承；文化价值及特色的展示；非物质文化遗产的传承人、场所与线路的保护以及传承等。

◉ 村容村貌整治的基本原则是什么？

（1）因地制宜、分类指导。根据区位、民俗、经济水平和农民期盼，集中力量解决突出问题。分区分类、突出特色，因地制宜实施村容村貌整治。

（2）量力而行、循序渐进。结合乡村振兴和美丽宜居乡村建设，逐级打造整洁村、美丽宜居村、精品村。

（3）示范先行、有序推进。坚持先易后难、先点后面，通过试点不断探索、积累经验，带动整体提升。加强规划引导，合理安排整治任务和建设时序，采用适合本地实际的工作路径和技术模式，防止一哄而上和生搬硬套，杜绝形象工程、政绩工程。

（4）保护传统、留住乡愁。统筹兼顾农村田园风貌保护和环境整治，保存乡土味道。

（5）村民主体、政府引导。尊重村民意愿，根据村民需求合理确定整治优先次序和标准。建立当地政府、村集体、村民等各方共谋、共建、共管、共评、共享机制，动员村民投身村容村貌整治提升建设，保障村民决策权、参与权、监督权。

◉ 农房改造有哪些方式？

农房改造包括保护、维修、拆除、重建等四种方式，要根据农房现状、经济社会发展水平、气候环境条件等，对农房进行分类提升整治，坚持保护优先、拆修并举。

（1）保护。对于具有传统历史文化价值的农房保留，严格保护、提升、合理利用。

（2）维修。通过维修加固，消除安全隐患。

（3）拆除。对老旧、长期无人居住农房重点进行排查，针对有危险点和局部危险房屋进行加固和修缮；对整体危险房屋和位于自然灾害易发区、采空区等存在安全隐患区域的房屋进行拆除。

（4）重建。存在严重安全隐患的危旧房，根据需要原址或异地重建；处于地质灾害等存在安全隐患区域的农房，应拆除并易地选址重建。

◉ 农村住宅在功能布局上应注意哪些方面？

（1）合理规划房间。一般农村以两代户与三代户较多，人口多在3～6口。这样基本功能空间就要有门斗、起居室、餐厅卧室、厨房、浴室、储藏室，并且还应有附加的杂屋、厕所、晒台等功能，而套型应为一户一套或一户两套。当为3～4口人时，应设2～3个卧室；当为4～6口人时，应设3～6个卧室。如果住户为从事工商业者，还可根据实际情况进行增加。

（2）确保生产与生活区分开。凡是对人居生活有影响的，均要拒之于住宅乃至住区以外，确保家居环境不受污染。

（3）做到内与外区分。由户内到户外，必须有一个更衣换鞋的户内外过渡空间；并且客厅、客房及客流路线应尽量避开家庭内部的生活领域。

（4）做到"公"与"私"的区分。在一个家庭住宅中，所谓"公"，就是全家人共同活动的空间，如客厅；所谓"私"，就是每个人的卧室。公私区分，就是公共活动的起居室、餐厅、过道等，应与每个人私密性强的卧室相分离。在这种情况下，基本上也就做到了"静"与"动"的区分。

（5）做到"洁"与"污"的区分。这种区分也就是基本功能与附加功能的区分。如做饭烹调、燃料农具、洗涤便溺、杂物贮藏、禽舍畜圈等均应远离清洁区。

（6）做到生理分居。一般情况下，5岁以上的儿童应与父母分寝；7岁以上的异性儿童应分寝；10岁以上的异性少儿应分室；16岁以上的青少年应有自己的专用卧室。

● 乡村建筑小品的规划设计有什么要求？

乡村街道上的建筑小品主要有路灯、街道指示牌、花坛、雕塑和座椅等。它不仅在功能上能满足村民的行为需要，还能在一定程度上调节街道的空间感受，给人留下深刻印象。

（1）乡村街道上的路灯，不必非用冷冰冰的水泥电杆，可以选用经过加工造型的铁杆，采用太阳能节能灯、风力发电路灯等。

（2）街道指示牌是外乡人进入村里的导路牌，是乡村规范化的名片符号，色彩应鲜明，造型应活泼，位置应合理，标志应清晰。街道指示牌的高度和样式一定要统一，不能五花八门，既要有景观效果，又要有指示功能。

（3）街道上的花坛是指在绿地中利用花卉布置出精细美观的绿化景观。既可作为主景，又可作为配景，从而达到既美化街道环境，又丰富街道空间的作用。一般情况下，花坛应设在道路的交叉口处，公共建筑的正前方。花坛的造型主要有独立式、组合式、立体式或古典式，但是均应对花坛表面进行装饰。

（4）街道雕塑小品，一般有两大风格，即写实和抽象。写实风格的雕塑是通过塑造真实人物的造型来达到纪念的目的。而抽象雕塑则是采用夸张、虚拟的手法来表达设计意图。

（5）在乡村街道和游园广场中，还要设置具有艺术风格和一定数量的座椅，既有乡村建筑小品的情趣，又可为临时休息的村民提供方便。

◉　美丽宜居乡村的创建目标包括哪些？

（1）优美的村落风貌。包括自然生态景观优美、村落布局形式独具特色、街巷建筑特色明显、居民宅院风格独特。

（2）舒适的人居环境。包括生态环境优美、基础设施完善、公共服务均等。

（3）适度的人口聚集。包括保有人口居住、人口规模适中、人口结构合理。

（4）新型的居民群体。包括一定的文化知识、娴熟的技术技能、较高的文明素质。

（5）良好的文化传承。包括保护历史文化、传承民风民俗、彰显精神文明。

和美

第六编

陆

农业废弃物资源化利用

◉　什么是农业废弃物？

农业废弃物是在农业生产过程中被丢弃或未被利用的有机类物质，主要包括农作物秸秆、畜禽粪污、废旧农膜和农药包装废弃物等。据估算，全国每年产生秸秆近 9 亿吨，未被利用的超过 1 亿吨；每年产生畜禽粪污 30 亿吨，综合利用率只有 70%；每年地膜使用量约 140 万吨，当季回收率只有 80% 左右；每年产生农药包装废弃物高达 100 亿个（件），有一半以上没有得到回收利用和有效处置。这些未实现资源化利用和无害化处理的农业废弃物，在土壤中过量累积或进入水体，会对生态环境造成严重污染，影响农产品质量安全，危害人体健康。

◉　什么是农业废弃物资源化利用？

农业废弃物资源化利用是指利用技术手段将回收的农业废弃物进行再加工、再开发、再利用的过程，主要包括肥料化、饲料化、燃料化、原料化和基料化等利用方向，大部分农业废弃物都是放错了地方的资源，只要利用得当，完全可以变废为宝，如秸秆可以燃烧发电，畜禽粪污可以生产沼气，废旧地膜可以加工成喷滴灌管道等。加强农业废弃物资源化利用是治理环境污染、发展循环经济、实现农业可持续发展的有效途径。

◉　什么是秸秆综合利用？

农作物秸秆是粮食作物和经济作物生产中的副产物，它含有丰富的氮、磷、钾、钙、镁和有机质等，是一种具有多用途的可再生的生物资源。以前，秸秆主要用来烧火做饭、取暖、喂养牲畜。现在，随着农民生活水平提高和用能方式转变，农民不再需要秸秆了，出现随意丢弃、露天焚烧等现象，污染了生态环境，破坏了土壤结构，危害了人体健康。秸秆综合利用，就是要将秸秆作为资源，推进秸秆在肥料、饲料、燃料、基料和原料等方面的开发应用，简称秸秆"五料化"应用，变"草"为宝，提高秸秆利用的经济效益、社会效益和生态效益，减少对环境破坏。

◉ 秸秆综合利用技术包括哪些内容？

（1）秸秆能源化利用技术。主要是利用物理化学和生物技术，将秸秆转化为固体、液体和气体燃料，配套相应的燃烧和利用设备，改善秸秆燃烧特性，提高能量利用效率。包括秸秆固化成型燃料、秸秆沼气技术和秸秆生物天然气利用等。

（2）秸秆饲料化利用技术。主要是利用化学、微生物学原理，通过青贮、微贮、揉搓丝化、压块等方式，将富含木质素、纤维素、半纤维素的秸秆降解转化为含有丰富菌体蛋白、维生素等成分的生物蛋白饲料。目前，秸秆的饲料转化技术主要有氨化、青贮、微生物处理（微贮）等。

（3）秸秆肥料化利用技术。主要是利用秸秆含有丰富的氮、磷、钾、钙、镁和有机质等特性，通过机械粉碎、厌氧发酵、微生物分解等方面，再还于农田，提高土壤肥力。包括秸秆直接还田、腐熟还田和生物反应堆等利用方式。

（4）秸秆基料化利用技术。以作物秸秆为主要培养基质，再配合其他原料，进行多种食用菌栽培。如用麦秸栽培草菇，用玉米秸秆栽培草菇和平菇，用稻草栽培双孢菇等。以秸秆为原料栽培食用菌的菇渣，密布菌丝体，同时由于菌体的生物降解作用，氮、磷等养分的含量也显著提高，可作为优质肥料用于农业生产，也可加工后制成菌体蛋白饲料喂养家畜，从而形成"秸秆—蘑菇—饲料—粪便—回田"的能量多级利用、物质链式循环的生态农业模式。

（5）秸秆原料化利用技术。秸秆作为一种富含天然纤维素的材料，生物降解性好，可以开发为环境友好型产品。秸秆作为原材料主要用于造纸，同时，在建筑材料领域的应用也已相当广泛，已被开发加工为墙体材料、保温材料等。此外，还有少量用于制帘扇、一次性可降解餐盒、可降解型包装材料、人造炭、活性炭等。

◉　秸秆肥料化利用技术包括哪些内容？

（1）秸秆直接还田。这项技术是用秸秆切碎机将摘穗后的农作物秸秆就地粉碎，均匀地抛洒在地表，然后通过旋耕设备或其他翻耕方式，将粉碎后的秸秆翻入土壤中，使之腐烂分解，以增加土壤有机质，培肥地力。另外，也可以将粉碎后的秸秆均匀覆盖在地表或下茬作物的上面，起到调节地温、减少土壤水分蒸发、抑制杂草生长、增加土壤有机质的作用。

（2）秸秆腐熟还田。这项技术是通过在秸秆上撒施腐熟剂，利用腐熟剂中的木质纤维素降解菌，快速降解秸秆木质纤维物质，最终在适宜的营养、温度、湿度、通气量和 pH 值条件下，将秸秆分解矿化成为简单的有机质、腐殖质以及矿物养分。包括两种方法，一是在秸秆直接还田时撒施腐熟剂，促进还田秸秆快速腐解；二是将秸秆堆积或堆沤在田头路旁，然后撒施腐熟剂，待秸秆基本腐熟（腐烂）后再还田。

（3）秸秆生物反应堆。这项技术是在秸秆中加入微生物菌种、催化剂和净化剂，在通氧（空气）的条件下，让秸秆分解为二氧化碳、有机质、矿物质、非金属物质，并产生一定的热量和大量抗病虫的菌孢子，然后通过一定的农艺设施把这些生成物提供给农作物，促进农作物生长发育。据测算，秸秆反应堆在适宜条件下可将 1 公斤秸秆转化成 1.1 公斤二氧化碳、12.7 兆焦耳热量、30 克拮抗孢子和 130 克残渣，以替代化肥、农药，提高作物产量，改善产品品质。

◉ 秸秆饲料化利用技术包括哪些内容？

（1）秸秆青贮技术。这项技术是将新鲜的秸秆填入密闭的青贮窖或青贮塔内，利用自然界中乳酸菌等微生物的发酵作用，将秸秆转化成含有丰富蛋白质、维生素、适口性好的饲料。适于青贮的秸秆包括玉米秸秆、甜高粱秆等。这种方法能长期保持秸秆的营养特性，消化率高、适口性好，占地空间小。

（2）秸秆氨化技术。这项技术是通过在玉米、小麦、水稻等作物的秸秆中加入氨源物质（如液氨、尿素、碳铵、氨水等）密封堆制，破坏其中的纤维素和半纤维素，使之更易于被牲畜消化吸收，氨化处理后秸秆的消化率可提高 20% 左右。秸秆经氨化处理后质地变得松软，营养价值得到改善，具有烟香味，可提高牲畜的采食速度、采食量。

（3）秸秆微贮技术。这项技术是利用微生物发酵原理，先将农作物秸秆进行机械加工，再按比例加入微生物发酵菌剂、辅料等，放入密闭设施中，经过一定的发酵过程使之软化蓬松，转化为质地柔软、湿润膨胀、气味酸香的优良饲料。该技术的成本低，且制作不受季节限制。

◉ 秸秆原料化利用技术包括哪些内容?

（1）用作工业原料。秸秆是一种富含天然纤维素的材料，生物降解性好，作为工业原料可以用来造纸、生产人造板材、木塑复合材料、建筑墙体材料和保温材料、一次性可降解餐盒、可降解型包装材料、人造炭、活性炭、木糖醇、糠醛等工业产品。

（2）用做工艺产品。利用秸秆取材广、成本低、柔软、易上色等特性，可以制作各种秸秆画、草编制品、装饰挂件、生活用品等工艺产品，既是环保产品，又具有文化传承功能，为发展农村休闲观光产业、增加农民收入开辟了新途径。

◉ 秸秆基料化利用技术包括哪些内容?

（1）秸秆种植食用菌。以作物秸秆为主要培养基质，通过机械粉碎成小段并碾碎，再配合其他原料，进行多种食用菌栽培。如：用麦秸栽培草菇、用玉米秸秆栽培草菇和平菇、用稻草栽培双孢菇等。同时，以秸秆为原料栽培食用菌形成的菇渣密布菌丝体，具有较高营养价值，加工后可制成菌体蛋白饲料喂养家畜，也可作为优质有机肥还田。

（2）秸秆生物炭利用。秸秆生物炭是指秸秆在缺氧和一定温度条件下热解形成的富碳产物，一般将秸秆放入炭化炉中通过高温燃烧、快速烘干和高温冷却即可形成。生物炭具有极好的吸附缓冲能力和保肥保水性能，用生物炭为基质生产缓释肥和土壤改良剂还田，可以有效改良土壤结构、提高肥力、解决土壤退化问题。

◉ 秸秆燃料化利用技术包括哪些内容?

（1）秸秆固化成型燃料。主要是指在一定温度和压力作用下，运用固化成型设备将秸秆压缩成颗粒状、块状、棒状等成型燃料。由于木质素、半纤维素、纤维素在适宜温度（200～300 摄氏度之间）下可以软化，根据这一特性，利用压缩成型机械将粉碎过的松散生物物质废料在超高压条件下，运用机械与生物质废料之间摩擦产生的热量，或者外部加热，使得纤维素、木质素软化，经挤压成型后得到具有一定形状和规格的新型燃料。这些成型燃料具有高效、洁净、点火容易、二氧化碳零排放、便于贮运、易实现产业化生产和规模应用等优点。既可用于农村炊事取暖，也可作为农产品加工业、设施农业（温室）、养殖业等供热燃料，还可作为工业锅炉和电厂的燃料，替代煤等化石能源。

（2）秸秆沼气技术。主要以秸秆为发酵原料，在隔绝空气并维持一定的条件下（温度、湿度、酸碱度）通过发挥沼气细菌的发酵作用，以此来形成沼气。根据不同的发酵工艺确定合理的料液浓度，通过添加氮肥或人畜粪便调整原料碳氮比，使其达到 35:1 左右的最佳发酵要求，注重冬季增温保温，确保工程周年正常产气。生产的沼气作为优质清洁能源可以向农户集中供气，也可以发电或烧锅炉，产生的沼肥成本低、肥效高。适用于广大农村地区。

（3）秸秆发电技术。以农作物秸秆作为主要原料，通过对其进行加工处理，以达到发电的目的。根据秸秆利用方式的差异，可分为秸秆气化发电、秸秆/煤混合燃烧发电、秸秆直接燃烧发电。随着秸秆发电技术逐渐完善，该技术得到广泛应用，但存在一定局限性，主要适用于规模较小的发电项目。

（4）秸秆生物天然气利用。这是以秸秆等生物质为原料，以氧气（空气、富氧或纯氧）、水蒸气或氢气等作为气化剂（或称气化介质），在高温条件下通过热化学反应将生物质中可燃的部分转化为可燃气的过程。生物质气化时产生的气体，主要为 CO、H_2 和 CH_4 等。秸秆气化后燃烧使用，干净卫生，还可进行集中供气。

◉　**秸秆收贮运技术体系包括哪些内容？**

完善秸秆收贮运体系是开展秸秆离田利用的基础和关键，当前要做好以下工作。

（1）完善秸秆田间机械化处理系统，积极探索农作物收割、捡拾、打捆一机完成的秸秆收集方式，开发适用于农村小面积耕种、操作方便、性能可靠、使用安全的高效节能的秸秆收获机械，争取在秸秆机械化收割、打捆、粉碎、打包等方面取得突破。

（2）研究、推广运量大、易装卸、行驶安全、适于短途运输的农机工具。

（3）建立有关的行业标准和技术规程，使秸秆产业化利用走上规范化道路。

（4）研究秸秆运输量、压缩密度、能源消耗、运输距离等因素与成本的关系，确定秸秆收贮运的最优运行模式。

◉　**什么是畜禽养殖业的清洁生产？**

畜禽养殖业的清洁生产将畜禽养殖污染预防战略持续应用于畜禽养殖生产全过程，通过采取科学合理的饲料配方、不断改善饲养管理和技术水平，提高资源利用率，减少污染物的产生与排放量，达到"节能、降耗、减污、增效"的目的，以降低对环境和人类的风险。推行清洁生产是解决规模化养殖场环境问题、生产安全合格畜产品、促进畜禽养殖环境与经济的协调发展、保护和改善农村生态环境的有效途径。

◉ 环保型饲料包括哪几种？

（1）营养平衡饲料。营养平衡包括能量蛋白平衡、氨基酸平衡（即理想蛋白质）、矿物质平衡、维生素平衡等，营养平衡饲料可使畜禽对营养素的需求得到最大化满足，最小化浪费。通过在饲料中添加某些氨基酸促使饲料氨基酸平衡，饲料粗蛋白水平可降低2～4个百分点，对动物的生产性能无负面影响，氮排出量则可减少20%～50%。

（2）高转化率饲料。酶制剂是提高饲料养分消化率的重要工具。在猪、鸡麦类饲料中添加非淀粉多糖酶，可降解抗营养因子可溶性非淀粉多糖（β-葡聚糖和阿拉伯木聚糖），进而全面提高饲料中各种养分的消化率，从而提高饲料转化率13%和氮利用率12%，提高猪、鸡生产性能，降低粪便排泄污染；植酸酶可显著提高植酸磷的生物学价值，可使植物性饲料中难以被猪、鸡利用的植酸磷变为可被利用的有效磷，大大降低饲料中的无机磷添加量，降低磷的排泄污染，同时随着植酸磷（抗营养因子）的降解，饲料中其他营养素的消化利用率明显提高，氮的排泄污染相应减轻。其他如蛋白酶、纤维素酶和包含上述多种酶的复合酶，以及饲料原料膨化加工技术、饲料制粒处理、多阶段饲养技术等均有提高饲料转化率和降低排泄污染的作用。

（3）低金属污染饲料。高铜、高锌、高砷饲料由于对猪具有促生长和防腹泻等效果而被广泛应用，但高剂量的铜、锌、砷大量、长期地排出体外，对生态环境造成了严重的污染。人们现已开始重视开发应用具有促生长和防腹泻作用的无公害饲料添加剂，以取代高铜、高锌、高砷添加剂的使用。卵黄抗体、有机微量元素、益生素、酸化剂、植物提取物等在这方面已显示出作用，但要全面停止高铜、高锌、高砷的应用，还需不断加强和完善替代技术的研究。目前，正在研究开发中草药型环保饲料取代高铜、高锌、高砷饲料。

（4）除臭型饲料。低聚糖能够显著降低仔猪产生的氨、吲哚、粪臭素及对甲酚等有害物质。有效微生物菌剂加入饲料中，可促进猪的生长，提高抗病能力，并明显地降低粪便的臭味，减少夏季蚊蝇的密度，净化空气。饲料中添加活性炭、沙皂素等除臭剂，可明显减少粪便中的氮气及硫化氢等臭气的产生，减少粪便中的氨气量40%～50%。国外用除臭灵可降低密闭猪舍和化粪池中氨气的散发量，有利于人畜健康，也提高了动物的生产性能。向猪饲料中添加的膨润土、海泡石、沸石粉等具有与粪中氨结合的功能，促使粪中氨散发量减少。

◉　什么是发酵床技术？

发酵床是用垫料和微生物菌粉按照一定比例制作的垫床，厚度在 60～80 厘米，垫料主要由秸秆、树叶杂草、稻谷壳粉、锯末屑等组成。通过微生物发酵处理粪尿，能快速转化养殖废弃物，消除恶臭，抑制害虫、病菌，同时，利用有益微生物菌群能将垫料、粪便合成可供畜禽食用的糖类、蛋白质、有机酸、维生素等营养物质。

利用发酵床养猪能基本做到"零排放",实现粪污资源化利用,同时还可以节省劳力、节约饲料、省水省电,发酵床的垫料还是很好的有机肥。在发酵床推广使用中,要注意控制好养殖密度,按每头猪占地 1.2～1.5 平方米掌握,同时,也要控制好发酵床的温度和湿度,做好疾病防控工作。

◉ 我国规模畜禽养殖场的清粪工艺有哪几种?

目前我国规模养殖场的清粪工艺主要有三种:水冲式、水泡粪(自流式)和干清粪工艺。

水冲式、水泡粪清粪工艺耗水量大,排出的污水和粪尿混合在一起,增加了处理难度。北方地区应用较多的是水泡粪清粪工艺,由于粪便长时间在畜禽舍中停留,形成厌氧发酵,产生大量的有害气体如硫化氢、甲烷等,危及动物和饲养人员的健康。

干清粪工艺即粪便一经产生便分流,可保持畜禽舍内清洁,无臭味,产生的污水量少、浓度低,易处理;干粪直接分离还可最大限度地保存它的肥料价值,堆制出高效的生物活性有机肥。采用水冲式和水泡式清粪工艺的万头猪场粪便污水处理工程的投资和运行费用,比采用干清粪工艺的多一倍,因此,干清粪工艺是比较理想的清洁生产工艺。

◉ 处理畜禽粪便有什么方法?

目前,国内外处理畜禽粪便的主要方法包括干燥法、除臭法和生物处理法等。

干燥法是利用太阳能、化石燃料或电能将畜粪中的水分除去,并利用高温杀死畜粪中的病原菌和杂草种子等，主要有日光干燥法、高温干燥法、烘干膨化干燥法和机械脱水干燥法等。

除臭法是通过向畜粪中添加化学物质、吸附剂、掩蔽剂或生物制剂（如杀菌剂）等以起到消除臭气和减少臭气释放的目的。

生物处理法主要有厌氧处理和制取沼气、高温堆肥法。经过发酵腐熟不仅能降低含水率、消灭病菌、除臭味，提高有机物的利用率，而且可以分解消除有害物质，减小体积，增加腐殖质含量。

◉ 畜禽养殖污水怎么处理？

目前，普遍采用的方法是因地制宜利用畜禽养殖场附近的果园、菜园、农田、鱼塘等吸收污水中的营养成分，或者利用氧化塘、天然湿地自然降解，通过生物吸收污水中的有机物和营养元素及土壤的吸附、过滤作用，进一步降解污水中的有机物。这种方法既可以减少废水深度处理的投资和运行费用，又可以充分利用有机质和营养物质，有利于氮、磷、钾等营养成分的循环，达到综合利用的目的。

◉ 畜禽粪便资源化利用技术有哪些？

1. 肥料化技术

（1）直接施用。畜禽粪便是优质的有机肥料，在我国传统农业生产中主要是将畜禽粪便直接施用或者简单堆沤后施用。直接施用方法不需要很大的投资，操作简便，易于被农民接受和利用，但是，由于畜禽粪便中水分含量高、大量施用时不方便等原因，在一定程度上限制了其施用。另外，畜禽粪污中含有重金属和抗生素残留等，直接施用可能对环境造成污染。

（2）堆腐后施用。堆肥是在人为控制堆肥因素的条件下，根据各种堆肥原料的营养成分和堆肥过程中对混合堆料中碳氧比、颗粒大小、水分含量和 pH 值等要求，将各种堆肥材料按一定比例混合堆积，在好氧、厌氧或好氧—厌氧交替的条件下，对畜禽粪便进行腐解，作为有机肥施用。堆肥过程中的主要影响因素包括通风、温度、填充料的选择、堆料含水率、适宜的碳氮比和 pH 值等。

（3）微生物菌剂发酵后施用。将经过选培的有益微生物菌剂加入畜禽粪便中，通过微生物发酵堆腐而生成有机肥施用。自然堆肥初期微生物量少，需要一定时间才能繁殖起来，人工添加高效微生物菌剂可以调节菌群结构、提高微生物活性，从而提高堆肥效率、缩短发酵周期、提高堆肥质量。这种方法处理粪便的优点在于最终产物臭气少，且较干燥，容易包装、撒施，而且有利于作物的生长发育。在一些畜禽有机肥生产厂，常采用的方法有厌氧发酵法、快速烘干法、充氧动态发酵法。

2. 能源化技术

（1）直接燃烧。在草原地区，牧民们收集晾干的牛粪作燃料直接燃烧，用来取暖或者烧饭，这是粪便直接作能源的最简单方法，但是利用不够充分，且易造成空气污染。

（2）乙醇化利用。畜禽粪便含有丰富的纤维素资源，牛粪中纤维素含量为 22%、半纤维素为 12.5%。将畜禽粪便中的木质纤维素进行预处理，然后转化为糖，进一步发酵成酒精，可作为乙醇化的原料。在碱预处理条件下，畜禽粪便的还原糖率达到 17.65%，而超声波与 KOH 联合预处理能使畜禽粪便的还原糖率达到 21.47%。畜禽粪便的乙醇化利用可替代粮食生产酒精，创造巨大的经济效益，但目前还没有投入工业化生产。

（3）发电利用。主要是将畜禽粪便以无污染方式焚烧，然后发电利用，焚烧过程中产生的灰分还可以作为优质肥料。

（4）沼气化利用。主要是利用受控制的厌氧细菌分解作用，将粪便中的有机物转化成简单的有机酸，然后再将简单的有机酸转化为甲烷和二氧化碳。不但解决了畜禽养殖场粪便污染问题，提供了清洁能源，发酵液还可以用作农作物生长所需的营养添加剂。这种工艺在规模养殖场（户）得到全面推广应用。

3. 制作动物饲料

（1）直接喂养法。如用鸡粪混合垫草直接饲喂奶牛的方式已被普遍使用。在饲料中混入上述粪草饲喂奶牛，其结果与饲喂豆饼的饲料效果相同。此方法简便易行，效果也较好，但要做好卫生防疫工作，避免疫病的发生和传播。

（2）青贮法。粪便中碳水化合物的含量低，不宜单独青贮，常和一些禾本科青饲料一起青贮，调整好青饲料与粪便的比例，并掌握好适宜含水量，就可保证青贮质量。青贮法不仅可防止粪便中粗蛋白损失过多，而且可将部分非蛋白氮转化为蛋白质，杀灭几乎所有的有害微生物。

（3）干燥法。干燥法是处理鸡粪常用的方法。干燥法分为自然干燥法和机械干燥法。自然干燥法是将新鲜畜禽粪便单独或掺入一定比例的糠麸拌匀后，摊在水泥地面或塑料布上，随时翻动让其自然风干、晒干，然后粉碎，掺到其他饲料中饲喂。此法成本较低，操作简便，但受天气影响大，且易造成环境污染。机械干燥法是采用相关设备进行干燥，可达到去臭、灭菌、除杂草等目的。此法处理粪便的效率最高，而且设备简单，投资小，粪便经干燥后可制成高蛋白饲料。

（4）分解法。分解法是利用优良品种的蝇、蚯蚓和蜗牛等低等动物分解畜禽粪便，达到既提供动物蛋白质又能处理畜禽粪便的目的。这种方法比较经济实用，生态效益显著。

（5）热喷法。热喷法是将畜禽粪便经过热蒸与喷放处理，改变其结构和部分化学成分，并经消毒、除臭，使畜禽粪便变为更有价值的饲料。鸡粪通过热喷处理后，膨松适口，有机质消化率可提高10%，并可消灭病菌，除去臭味。热喷技术投资少、能耗低、操作简便，具有广阔的利用前景。

4. 生产动物蛋白

以蝇蛆昆虫取食利用粪便腐败物质的生物特性生产蝇蛆产品，使粪便中的物质充分转化成虫体蛋白质或脂肪加工回收，达到既能处理畜禽粪便又能提供动物蛋白质的目的。如蛆虫作为水产养殖饵料，生产蚯蚓可加工成蚓粉，缺点是收集不易，劳动力投入大。

◉ 什么是沼气池技术？

农村沼气池技术是以农作物秸秆、人畜粪便、农村生活污水等为发酵原料，在一定温度、湿度、酸碱度及厌氧发酵条件下，通过微生物作用将有机物质（碳水化合物、脂肪、蛋白质等）消化分解，生成沼气、沼液和沼渣的过程，达到污水净化，资源化利用的目的。

沼气池技术的优点是原料丰富、技术简单、造价低廉、环境友好。与化粪池相比，污泥减量效果明显，有机物降解率较高，产生的沼气可作为优质燃气。缺点是污水处理效果有限，出水水质差，一般不能直接排放，需经后续技术进一步处理。

沼气池技术适用于一家一户或联户农村污水、农作物秸秆、畜禽粪便的初级处理，特别是适用于种植专业户和养殖专业户等原料丰富的农户。

◉ 沼气的产生需要具备哪些条件？

（1）严格的厌氧环境。由于产甲烷菌在有氧条件下不能生存，沼气池应该建设成不漏水、不漏气的密封池体。

（2）保持发酵的稳定性。一般认为沼气发酵温度范围为8～60摄氏度，其中45～60摄氏度为高温发酵、30～44摄氏度为中温发酵、8～29摄氏度为低温发酵（常温发酵或自然发酵）。通常条件下，沼气池内温度高于10摄氏度即可产生沼气，高于15摄氏度可正常产生气体。因此，沼气池冬季要注意保温。

（3）要有充足的发酵原料。人畜粪便、生活污水、养殖废水等提供氮源、农作物秸秆提供碳源。一般来说，沼气发酵适宜的碳氮比为1:（20～30），碳氮比高于或低于这一范围，都会使发酵速度及产气速率下降，在搭配原料入池时应注意考虑。

（4）保持适量的含水率。一般要求含水率80%左右。

（5）控制好池体内的酸碱度。沼气发酵一般是在中性或微碱性环境中进行，最佳pH值为6.8～7.4，pH值降至6.5以下时会抑制沼气的产生。

（6）足够的接种物。对于新建的沼气池，为缩短发酵物滞留期，使沼气池尽早产气，新池第一次装料必须加入适量的接种物，接种物量为总发酵物量的 10%～30%。接种物一般可用正常产气 1 个月以上老沼气池的沼渣、沼液或阴沟污泥，厕所底层粪便等。

◉ 沼气有哪些用途？

沼气的主要成分甲烷，是一种理想的气体燃料，它无色无臭，与适量空气混合后即可以燃烧。一户 3～4 口人的家庭，建一口容积为 8 立方米左右的沼气池，只要发酵原料充足并管理良好，可解决农户照明、煮饭、供暖等燃料问题。在农业生产中，大规模的沼气还可以用于温室保温、烘烤农产品、防蛀、储备粮食、水果保鲜等。

◉ 沼液有哪些用途？

沼液是经过厌氧发酵后的残留液体，属高浓度有机废水。沼液未经合理处理和利用而直接排放到环境中，将会造成二次污染。沼液中富含氮、磷、钾等大量营养元素，钙、铜、铁、锌、锰等中量和微量营养元素，还含有丰富的氨基酸、维生素 B、各种水解酶、某些植物激素以及对病虫害有抑制作用的物质或因子。沼液的用途包括：

（1）沼液肥用与叶面喷施。沼液可作为液体肥料用作大田作物、蔬菜、果树、牧草等的种植。沼液肥用时，既可进行浇灌施用，也可作为叶面肥施用。在浇灌施用时，可将沼液直接与灌溉水以一定的比例混合浇灌，长期使用稀释沼液灌溉可促进土壤团粒结构的形成，增强土壤保水保肥能力，改善土壤理化性质。

（2）沼液浸种。沼液浸种可刺激种子的发芽和生长，使芽齐、苗壮、根系发达、长势旺，消除种子携带的衣原体、细菌等，增强种子抵抗力，秧苗抗旱、抗病及抗逆性能。

（3）防治病虫害。沼液中含有多种微生物、有益菌群、各种水解酶、某些植物激素及分泌的活性物质对植物的许多有害病菌和虫卵具有一定的抑制和杀灭作用，对一些植物病虫害有抑制作用。

沼液养鱼在南方应用较多，使用时应注意沼液的用量要适度，同时也注意沼液的生物安全问题。

◉ 沼渣有哪些用途？

沼渣是有机物质发酵后剩余的固形物质。沼渣富含有机质、腐殖酸、微量营养元素、多种氨基酸、酶类和有益微生物等，能起到很好的改良土壤的作用；沼渣还含有氮、磷、钾等元素，能满足作物生长的需要；沼渣具有速效、迟效两种功能，可作基肥和追肥；沼渣还可用于生产食用菌、养鱼、养泥鳅、养蚯蚓等。

◉ 地膜覆盖技术有什么好处？

地膜覆盖技术是指用地膜对地表进行覆盖，实现集雨、保墒、增温、抑制杂草等综合作用的节水农业技术。其特点是通过起垄覆膜、地面覆盖，减少地表径流，抑制田间无效蒸发，保蓄土壤水分，增强作物抗旱能力，缓解干旱对农业生产的影响。地膜覆盖技术是一项成熟的农业栽培技术，保水保肥、保持湿度，有效地增添和延长作物生长期，确保了农作物产量的提高，已成为旱作农业高产稳产的重要手段。目前，我国在新疆、山东、山西、内蒙古、甘肃等地区的 40 多种农作物上推广地膜覆盖技术。

◉ 地膜残留农田有什么危害?

由于超薄地膜大量使用、容易碎裂、很难回收,在自然条件下极难分解或降解,带来严重危害。

(1)降低耕地质量。残膜在土壤中大量长期累积,破坏土壤结构,土壤通透性和土壤孔隙度逐渐下降,不但降低土壤地力,还容易堵塞播种机,或缠在犁头上影响耕地和整地质量。

(2)降低水肥有效性。残留土壤的地膜影响土壤中水分和养分的运移,造成土壤毛管水断裂,阻隔水分和养分运移,降低土壤水分和养分的可利用性。

(3)影响生长降低产量。地膜残留导致出苗慢、出苗率低、根系扎得浅,无法穿透残膜碎片而呈弯曲横向发展,造成作物缺苗断垄、降低产量。

(4)影响农业生态环境。残膜散落田间、地头、沟渠、树枝,造成"视觉污染"。残膜地头焚烧产生有害气体污染大气。残膜碎片与农作物秸秆及青草混杂,家畜误食导致肠胃失调,严重的引起厌食和进食困难,造成死亡。

◉ 废旧地膜回收困难的主要原因是什么?

(1)地膜标准执行不严,超薄地膜大量使用,造成农田残膜清除难。目前地膜厚度最低标准为0.01毫米,但是在很多地方没有得到有效执行。在同等覆盖面积下,地膜越薄,使用成本越低,所以农民使用薄膜多,但是超薄地膜老化快、易破碎,人工或机械清除十分困难,勉强清除出来的残膜与根茬、泥土混杂在一起,几乎没有回收再利用的价值。

（2）收膜机械少、价格高、作业贵，收膜机械化率低。人工收膜劳动强度大、效率低，很多农民都不愿意干。当前农田残膜回收主要以人工揭膜、捡拾为主，机械化率很低。人工捡拾费工费力。机械收膜存在回收机械性能不佳、价格贵、作业成本高、残膜回收率不高等问题。

（3）收购网点少，废旧地膜回收渠道不畅通。很多农民因为没人收，或者回收网点太远，卖旧膜的钱抵不了路费和工钱，便把旧膜遗弃在田头、路（沟）边或直接焚烧。而一些地膜回收加工企业又往往因为收不到废旧地膜而影响生产。

（4）加工企业少而小，回收加工能力不足，技术落后。目前大多数废旧农膜回收加工企业属于初级加工，即将废旧农膜热融后加工成再生聚乙烯树脂，只有少数加工企业能生产再生聚乙烯塑料管材和井盖等。废旧地膜回收加工企业普遍存在耗水耗电严重、工艺技术落后、环保设施不配套、可持续发展空间有限等问题。

◉ 农田残膜的回收技术有哪些？

残膜回收以前主要靠人工捡拾，难度大，成本高，农民没有积极性。目前在地膜使用比较集中的地区，主要采用机械回收技术。机械回收技术是为了克服人工捡拾地膜缺陷、针对覆膜栽培技术而发展起来的一项配套技术，通过机械的方法将作物收获后留在地表的破损地膜收集起来。按照农艺要求和作业时间可分为三类：

（1）耕地前地表农膜回收。这是目前应用最多的技术，分秋后耕地前和春季耕种前废旧农膜回收两个时段，有利于抑制杂草生长和作物生长后期的保墒作用，但由于农膜留存的时间长，受作物管理过程中人工、机械作业的影响，农膜已经破损，抗拉强度下降，使机械回收残留地膜难度加大；同时还有大量的枝叶、茎秆和根茬等杂物与残膜混合在一起，成为机械化回收残留地膜的难点。

（2）苗期地表农膜回收。目前主要应用在水量较为富余的灌区，在进行第一次灌溉前适时揭膜，该方法必须在前期种植时就为机械化揭膜、除草、施肥做好准备才能完成，由于对地膜和机具的性能要求较高，没有得到大面积的推广应用。

（3）耕作层农膜回收。要求在表土作业或土壤翻耕过程中将混杂在土壤中的废旧农膜分离出来，目前以表土作业时捡拾地表层废旧农膜为主，混杂在土壤耕作层中的农膜还没有有效的清理方法，只能残留在土壤中。

◉ 废旧地膜处理技术包括哪些内容？

1. 焚烧回收热能技术

废旧塑料的燃烧热一般高于木材，通过焚烧进行热能回收具有很大的发展潜力。现行焚烧废旧塑料地膜的方式主要有三种：一是使用专用焚烧炉焚烧废旧塑料地膜回收利用能量法。这种方法使用的专用焚烧炉有流化床式焚烧炉、浮游式焚烧炉、转炉式焚烧炉等。这类专用设备要求尽量无公害，可长期使用，能稳定连续操作。二是作为补充燃料与生产蒸汽的其他燃料掺用法。应用此法，热电厂可将农用塑料废弃物作为补充燃料使用。三是通过氢化作用或无氧分解转化成可燃气体或可燃物再生热法。这既是一种能量回收方法，又属于农用塑料废弃物在特殊条件下的分解。

2. 洗净、粉碎、改型、造粒技术

对废旧地膜进行再生造粒，不仅实现了资源再生，而且解决了白色污染问题，是适合我国国情最主要的废旧地膜资源化利用技术。湿法造粒是目前普遍采用的一种较为成熟的工艺，再生后的颗粒纯度较高，可以用来作为高品质塑料制品的原材料。废旧地膜再生造粒有着广泛的用途。地膜主要为 PE 膜，PE 再生粒可用来生产农膜，也可用来制造化肥包装袋、垃圾袋、农用再生水管、栅栏、树木支撑、盆、桶、垃圾箱、土工材料等。

3. 制备氯化聚乙烯技术

回收利用农用地膜进行废聚乙烯是制备氯化聚乙烯非常需要的，一方面高密度聚乙烯紧缺，另一方面氯化聚乙烯作为聚氯乙烯的优良改性剂和特种橡胶应用已被世界公认。

4. 用废旧塑料地膜制造控释肥料的包膜材料

控释肥料的包膜材料主要是来源广泛、价格低廉的废旧塑料，如聚乙烯、聚丙烯、聚氯乙烯、聚苯乙烯等。由于农作物施用化肥量很大，推广这项技术既可消纳大量废旧塑料资源，也可实现肥料释放与植物生长同步，提高肥料利用率。

5. 废旧地膜的掩埋处理

掩埋处理法有两个优点：一是深埋于地下，对地表层的绿色植物生长不会构成危害；二是方法简单，设备投资最少，甚至只消耗人力和使用简单工具即可。但掩埋法也存在严重弊端：因埋入地下不见阳光并隔绝了空气，成为真正的"不朽之物"，短时期内虽然无害，但从长期看，因其积累过多会严重妨碍水的渗透和地下水的流通，严重污染地下水源。

◉ 什么是全生物降解地膜替代技术？

这种技术使用具有完全生物降解特性的脂肪族－芳香族共聚酯、脂肪族聚酯、二氧化碳－环氧化合物共聚物以及其他可生物降解聚合物中的一种或者多种树脂为主要成分，在配方中加入适当比例的淀粉、纤维素以及其他无环境危害的无机填充物、功能性助剂，通过采用吹塑或流延等工艺生产的农用地面覆盖薄膜，替代普通聚乙烯地膜，在自然界存在的微生物作用下，最终完全降解变成二氧化碳（CO）或甲烷（CH_4）、水（H_2O）及其所含元素的矿化无机盐以及新的生物质。该技术避免了普通 PE 地膜残留破坏土壤结构、影响农事作业、降低农产品品质等不良影响，且降解后对土壤及作物无毒副作用。2018—2021 年该技术被列为农业农村部十项重大引领性技术之一。

◉ 什么是农药包装废弃物？

农药包装废弃物，是指农药使用后被废弃的与农药直接接触或含有农药残余物的包装物，包括塑料、纸板、玻璃等材料制作的瓶、罐、桶、袋等。2019 年我国农药使用量 26.3 万吨，农药使用后产生大量包装废弃物，如果不及时回收处置利用，随意丢弃于沟渠、田边及野外环境中，长年积累，将对生态环境和人畜安全带来巨大威胁。

◉ 农药包装废弃物有什么危害？

（1）现有农药包装物多为塑料包装，其化学组成多为高密度聚乙烯、高阻隔等高分子有机材料，难以降解，长期堆积在土壤中会使植物根系难以正常生长。

（2）农药包装废弃物中大量残存的农药经雨水冲刷、渗透等，会直接污染农田土壤、地表水和地下水，造成严重的面源污染。

（3）农药包装物中的玻璃瓶一旦破碎，对人、畜在田间活动带来很大安全隐患。

（4）大量散落在农田、果园、河流、水渠的农药包装废弃物，容易造成"视觉污染"，不利于人居环境改善和宜居宜业和美乡村建设。

此外，某些特殊材质的包装废弃聚合物排放，还可造成燃烧、爆炸、接触中毒等特殊损害，直接威胁人畜安全。

◉　目前对农药包装废弃物是怎么处理的？

我国《农药包装废弃物回收处理管理办法》明确规定：农药生产者、经营者应当按照"谁生产、经营，谁回收"的原则，履行相应的农药包装废弃物回收义务。农药使用者应当及时收集农药包装废弃物并交回农药经营者或农药包装废弃物回收站（点），不得随意丢弃。目前我国农药包装废弃物的处理方式包括随手丢弃、扔到垃圾场、烧毁、卖给废品回收站、清洗后继续使用、掩埋和放在指定的回收点等，其中以随手丢弃、扔到垃圾场为主，焚烧和土埋是两种最常见的处置方式。近年来，一些地方开始对农药包装废弃物开展统一回收、集中处置和资源化利用，但是缺乏相应的标准规范和操作细则，尚未在全国大范围推广。

◉ **农药包装废弃物回收处理还存在哪些问题？**

（1）操作规范不明确。我国对农药包装废弃物没有统一规范的管理制度，一些法律法规多为原则性条款，比较笼统，对回收、处理没有具体的实施细则和具体要求，缺乏可操作性，不能满足农药包装废弃物管理的实际需要。

（2）分类收集尚未全面开展。全国农药登记产品有3万多种，包装规格、材质各不相同，主要有玻璃、塑料、铝箔、纸等材料，必须根据不同材质、危险类别进行分类收集处置，而目前很少有地方能做到这一点。

（3）相关主体的环保意识亟待加强。我国农药使用主体（农户）经营分散，环保意识薄弱，只图眼前方便，乱扔乱放农药瓶（袋）的现象普遍存在，即使处理也只是自行焚烧或者填埋，没有考虑是否符合环保要求。农药生产者、经营者的回收义务也没有真正落实。

◉ **农药包装废弃物回收有什么要求？**

（1）要在农资生产企业、经营者、生产者集中区和行政村（组）等地建立农药包装废弃物回收站（点），方便农民交回农药包装废弃物，回收站（点）要远离热源、水源。

（2）农业生产者在农药使用过程中，要通过反复冲洗等方式充分利用内容物和清除残余物，将用完后的包装废弃物及时交到回收站（点），不随意丢弃，避免二次污染。

（3）尽量将农药包装废弃物分别投放到不同的收集装置或容器，方便分类处置和资源化利用。

（4）农药包装废弃物回收站（点）和农资经营者要切实履行农

药包装废弃物回收责任，不能以各种理由拒收。

（5）鼓励当地政府采取激励措施对丢弃在田间地头等处的农药包装废弃物进行有偿回收。

● 农药包装废弃物贮存有什么要求？

（1）不同种类的农药包装废弃物应分区贮存、分别堆放，并在贮存设施或容器醒目位置贴上危害性标识。

（2）贮存的包装废弃物应及时转运，贮存时间尽量不要超过1年。

（3）贮存场所应是封闭或半封闭结构，并设有防晒、防雨、防火、防雷、防扬散、防流失、防渗漏、防高温等安全保护措施。

（4）要定期对贮存场所进行清理、消毒，对设备设施进行检查，对仓库内温度、湿度和有害气体浓度进行监测，发现异常及时处理。

（5）不能将农药包装废弃物与易燃、易爆或腐蚀性物质混合贮存。

● 农药包装废弃物运输有什么要求？

（1）农药包装废弃物在运输过程中应打包压实，采用封闭的运输工具，运输工具应满足防雨、防渗漏、防遗洒要求，防止造成环境污染。

（2）农药包装废弃物不应与易燃、易爆或腐蚀性物质混合运输。

（3）在装卸、运输过程中应确保包装完好，无遗洒。

（4）运输工具在运输途中不应超高、超宽、超载。

◉ 怎么对农药包装废弃物开展资源化利用?

农药包装废弃物资源化利用方式包括回收利用和重复利用等,对于可回收利用的包装废弃物,可以通过合理的技术与方法进行再生处理,对于可重复使用的包装废弃物应优先重新加以利用。

1. 回收利用

(1)农药包装废弃物容易识别、分离和归类的,可以采取机械处理再生、化学处理再生等技术,以材料循环再生的方式回收利用。

(2)对残留物不易清除,或不易识别、分离和归类的农药包装废弃物,能够通过燃烧获得有效热量时,以能量回收的方式回收利用。

(3)对农药包装废弃物中没有混入有害有毒物质且其成分中含有植物纤维或可降解材料的,可在有氧环境中通过生物降解进行处理。

(4)对于多种材料复合形成的农药包装废弃物,如纸铝塑复合包装物等,可通过专用设备先进行材料分离再进行无害化处理。

2. 重复利用

(1)当农药包装废弃物的物理性能和技术特征在常规可预见的使用条件能够多次循环使用时,可通过洗涤、维护等措施保持原功能后重新利用。

(2)对于封装用的包装物、捆绑物和遮盖物等,可以多次重复使用。

(3)发现存在安全隐患的,应当维修或者更换。

农药包装废弃物资源化利用不能用于制造餐饮用具、医用产品、玩具、文具等产品。

◉　农药包装废弃物怎么进行无害化处置？

对于资源化利用以外的农药包装废弃物要进行无害化处置。无害化处置技术包括焚烧、填埋等方式。

当农药包装废弃物进入生活垃圾填埋场填埋或生活垃圾焚烧厂焚烧处置时，处置过程按照混合生活垃圾进行卫生填埋或者焚烧处理，填埋技术要符合 GB 50869—2013 的要求，焚烧污染控制应符合 GB 18485—2014 和 HJ 1134—2020 的要求。

当农药包装废弃物有毒有害物质或其他有害微生物含量超过国家相关规定的，应按危险废物进行焚烧或填埋，预处理技术和处置技术应符合 HJ 2042—2014 的要求，焚烧污染控制应符合 GB 18484—2020 的规定，填埋污染控制应符合 GB 18598—2019 的规定。

◉　怎么在农药包装废弃物回收利用处置过程中做好人员防护工作？

（1）要从事农药包装废弃物回收和利用处置相关人员开展安全操作培训，掌握相关技术要领。

（2）在农药包装废弃物的收集、运输、处置过程中，要配备必要的防护设施和装备，以免受到污染损害。

（3）从事农药包装废弃物回收和处置利用相关人员在作业结束后，要及时清洗手、脸和身体其他部位，及时清洗、维修或更换相关防护设备。

◉　加强农药包装废弃物处置和回收利用有什么要求？

（1）实行源头减量。鼓励采用减少厚度、薄膜化、削减层数、大容量包装物等方法，从源头最大限度减少农药包装废弃物产生量，避免过度包装。

（2）采用绿色材质。在农药包装物制造中鼓励采用水溶性高分子包装物和在环境中易降解或可降解的包装物，减少铝箔、塑料、玻璃等包装物使用。

（3）开展分类处置。将农药包装废弃物分为可回收类和有害类两类，每一类又细分为不同材质的包装物，实施分类投放、分类回收、分类贮存、分类运输、分类利用和分类处置，优先进行资源化利用，资源化利用以外再进行填埋、焚烧等无害化处置。

（4）便于追溯。对农药包装废弃物的生产者、经销者、使用者、回收者和利用者，都应建立相应台账，包括名称、数量、重量、来源、利用、处理等信息，以便及时追溯。

（5）健全激励约束机制。采取有效激励政策措施，支持建立健全农药包装废弃物回收利用体系，调动生产者、使用者、回收者和利用者的积极性，同时，明确各方责任义务，加强督促检查，解决农药包装废弃物回收难问题。

和美

第七编

柒

乡村治理

◉ 什么是乡村治理?

乡村治理一般是指乡村的自治、德治和法治。乡村治理是国家治理的基石,是乡村振兴的重要内容,不仅关系到农村改革发展,更关乎党在农村的执政基础,影响农村社会大局稳定,要以自治增活力、以法治强保障、以德治扬正气,健全党组织领导的自治、法治、德治相结合的乡村治理体系,提高乡村治理社会化、法治化、智能化、专业化水平,让乡村社会既充满活力又和谐有序。

◉ 乡村治理面临的主要问题是什么?

一是部分农村基层党组织软弱涣散。部分党组织成员年龄偏大、学历偏低、文化素质不高,对党的方针政策理解存在偏差,观念转变慢,工作服务上依靠老办法、老手段,缺乏对年轻后备干部的培养。一些农村基层党组织在政绩压力下出现定位偏差,越来越多承担起原本不属于自身的服务职能,忽视其他各类组织的作用。更有少数基层党员干部搞不正之风和违法乱纪活动,严重败坏基层党组织形象。

二是乡村治理主体多元化格局尚未形成。一方面,随着乡村治理实践推进,乡村治理主体趋向多元化发展,各治理主体的利益诉求、活动方式等各有不同,面临如何协调各治理主体之间关系、实现多元共建共治共享乡村格局的难题。另一方面,乡镇政府以行政命令直接干涉乡村社会生活的方方面面,削弱了其他乡村治理主体的治理空间,造成乡镇政府职能错位、越位、缺位等问题。此外,农民主体性发挥还不充分,参与乡村治理的积极性不高,直接影响多元共治的效果。

三是农村公共产品供需结构性矛盾突出。目前，乡村治理都是县财政拨款，乡村治理体系是"县政村治"，乡村公共产品和服务的来源主要是政府财政拨款，供给产品的渠道较为单一。随着经济社会发展，农民对公共产品和服务需求的内容不仅丰富多样，而且质量要求更高，但上级政府基于财政预算提供的乡村公共产品和服务与农民实际需求难免存在差异，导致乡村做了好事、农民却不满意。

四是自治、法治、德治能力有待提高。一些地方村民自治流于形式，对农民的知情权、参与权、表达权、监督权缺乏应有的敬畏与尊重，农民处于服从与被支配的地位。一些地方法治治理没有形成常态化，部分村民面对传统的家庭纠纷、邻里纠纷和债务纠纷，以及在宅基地使用、土地承包流转、村级事务管理等方面出现的新纠纷，不相信法律，往往采取非法手段解决问题，加剧了其他村民对法律的不信任。一些地方德治教化水平偏低，虽然成立了红白理事会、新时代道德宣讲团、乡贤理事会等，但并未发挥出积极作用，厚葬薄养、红白喜事大操大办、打牌赌博这些不良风气依然存在。

五是农村社会诉求表达不畅。一方面，诉求表达渠道不畅通，现有的信访制度出现等待时间较长、反馈不及时、诉求无人解决等问题，利用微信、微博等方式诉求容易出现虚假、夸大事实真相的现象，造成负面社会影响。另一方面。诉求表达对象失责，部分村委会忽视村民诉求，解决问题缓慢，遇到不能处理的问题未及时向上反映。部分乡镇政府在面对村民合法表达自身诉求时，不能做到及时处理，甚至将合理诉求行为看作不稳定因素，采取忽视、打压的办法处理。

◉　加强和改进乡村治理的指导思想是什么？

按照实施乡村振兴战略的总体要求，坚持和加强党对乡村治理的集中统一领导，坚持把夯实基层基础作为固本之策，坚持把治理体系和治理能力建设作为主攻方向，坚持把保障和改善农村民生、促进农村和谐稳定作为根本目的，建立健全党委领导、政府负责、社会协同、公众参与、法治保障、科技支撑的现代乡村社会治理体制，以自治增活力、以法治强保障、以德治扬正气，健全党组织领导的自治、法治、德治相结合的乡村治理体系，构建共建共治共享的社会治理格局，走中国特色社会主义乡村善治之路，建设充满活力、和谐有序的乡村社会，不断增强广大农民的获得感、幸福感、安全感。

◉　加强和改进乡村治理的总体目标是什么？

到 2035 年，乡村公共服务、公共管理、公共安全保障水平显著提高，党组织领导的自治、法治、德治相结合的乡村治理体系更加完善，乡村社会治理有效、充满活力、和谐有序，乡村治理体系和治理能力基本实现现代化。

◉　加强和改进乡村治理的主要任务有哪些？

主要包括：完善村党组织领导乡村治理的体制机制，建立以基层党组织为领导、村民自治组织和村务监督组织为基础、集体经济组织和农民合作组织为纽带、其他经济社会组织为补充的村级组织体系，完善议事、选举、经费保障等机制；发挥党员在乡村治理中的先锋模范作用，组织开展党员联系农户、党员户挂牌、承诺践诺、设岗定责、志愿服务等活动；规范村级组织工作事务，交由村级组织承接或协助政府完成的工作事项，实行严格管理和总量控制；增强村民自治组织能力，完善村民（代表）会议制度，推进民主选举、民主协商、民主决策、民主管理、民主监督实践；丰富村民议事协商形式，依托村民会议、村民代表会议、村民议事会、村民理事会、村民监事会等开展各类协商活动；全面实施村级事务阳光工程，完善党务、村务、财务"三公开"制度；积极培育和践行社会主义核心价值观，广泛开展习近平新时代中国特色社会主义思想宣传教育；实施乡风文明培育行动，全面推行移风易俗；发挥道德模范引领作用，开展乡风评议，弘扬道德新风；加强农村文化引领，传承发展提升农村优秀传统文化；推进法治乡村建设，深入开展农村法治宣传教育；加强平安乡村建设，健全农村公共安全体系；健全乡村矛盾纠纷调处化解机制，发展新时代"枫桥经验"，做到"小事不出村、大事不出乡"；加大基层小微权力腐败惩治力度，严肃查处侵害农民利益的腐败行为；加强农村法律服务供给，健全乡村基本公共法律服务体系；支持多方主体参与乡村治理，发挥基层社团组织参与民主管理和民主监督的作用，加强农村社会工作专业人才队伍建设；提升乡镇和村为农服务能力，加强乡镇政府公共服务职能，大力推进农村社区综合服务设施建设，引导管理服务向农村基层延伸等。

◉ 如何推进乡村治理现代化？

一是加强乡村基层党组织建设，夯实乡村治理组织保障。选优配强乡村党组织支部书记，吸取高等院校毕业生、企事业单位、优秀农民工中优秀党员到乡村基层党组织任职，动员村级优秀青年加入党组织。通过学习、教育、培训提高党员干部的党性修养和服务能力。通过开展党员志愿服务、党员联系户等活动密切党群干群关系。加强对流动党员的管理，提高流动党员的归属感。

二是构建"多元共治"治理格局，提升乡村治理现代化水平。充分发挥乡村基层党组织、农民、乡镇政府、村民委员会、乡村企业和其他各类社会组织等治理主体自身优势，明确各自职责，分工推进相关领域治理工作，同时，加强各治理主体之间的协同配合，共同推进乡村治理现代化，形成"共建共享"的机制，使乡村治理成果惠及各个乡村治理主体，不断激发各主体的积极性。

三是转变乡村公共服务模式，提升农民的幸福感获得感。一方面，要加快城乡发展一体化，推动城乡公共服务均衡发展；另一方面，要调整乡村公共产品服务的供给策略，通过多元渠道供给提高公共产品服务的利用效率，同时建立公共产品服务诉求表达机制，强化监督管理，不断满足农民群众对公共产品服务的需求，

四是健全乡村治理体系，提升自治、法治、德治水平。加快完善村民自治机制，激发村民自治的积极性，包括加强乡村自治组织的管理和建设、推进民主集中制建设、尊重村民主体地位等；加快提升乡村法治水平，加强法治的保障力度，包括对村民开展普法宣传教育、完善乡村法律法规、加强法治队伍建设等；加强乡村德治建设，重塑乡村德治新秩序，包括开展社会主义核心价值观宣传教育、复兴中华民族优秀传统文化、健全村规民约等。

◉ 什么是"四议两公开"？

"四议两公开"是指：对村级重要决策、重大事务、重点工作和

重点工程建设资金等村级重大事务由党支部会议提议、"两委"会议商议、党员大会审议、村民代表会议或村民会议决议后，将决议结果公告，办理结果公示。它是在村党组织领导下对村级事务进行民主决策的一套基本工作程序，是基层在实践中探索创造的一个行之有效的工作方法。

◉ 什么是"三公开"制度？

"三公开"制度是指定期对村里党务、村务、财务进行公开。党务公开内容主要是党组织基本情况、党务工作情况以及党风廉政建设相关情况等，村务公开内容主要是村委会年度工作计划、村民会议决定及实施情况等，财务公开内容主要是年度财务收支情况等。公开形式分为固定公开、定期公开和即时公开三种。实行"三公开"制度有利于落实广大群众的知情权，加大对村级事务的监督力度。

◉ 什么是乡村治理积分制？

2020 年 7 月，中央农办、农业农村部印发《关于在乡村治理中推广运用积分制有关工作的通知》，全面启动了在乡村治理中推广运用积分制工作。乡村治理中运用的积分制是在农村基层党组织领导下，通过民主程序，将乡村治理各项事务转化为数量化指标，对农民日常行为进行评价形成积分，并给予相应精神鼓励或物质奖励，形成一套有效的激励约束机制。实践证明，积分制可以有针对性地解决乡村治理中的重点难点问题，符合农村社会实际，具有很强的实用性、操作性，是推进乡村治理体系和治理能力现代化的有益探索。各地通过实施"积分制"政策，以积分制方式在超市兑换相应价值的物品，从而激发群众自我参与、自我教育、自我管理，引导群众树立积极的生活理念，切实推动家风、村风、民风的全面提升，进一步推动提高乡村治理水平。

◉ 实行乡村治理积分制有什么好处？

一是凸显了农民在乡村治理中的主体地位。积分制将各类村级事务和农民行为量化，推动了乡村治理由"村里事"变"家家事"，并通过建立与积分结果挂钩的奖励和惩戒措施，将"要我参与"变成"我要参与"，调动了农民参与治理的积极性、主动性、创造性。

二是增强了对农民群众的激励和约束。积分制对村民行为有了具体的评价标准，"德者有得"有了明确的依据，增强了对农民群众个体行为的激励约束，有助于农民律己向善，培育文明乡风、良好家风和淳朴民风。

三是创新了"三治"结合的载体。发挥村民自治作用，推动村民广泛参与是积分制的基础；融合德治内容，将互助互爱、移风易俗、勤劳致富、良好家风等纳入积分管理，为行为规范立标尺；强调法治思维，把法律法规的相关要求贯彻到积分制的实施中，将遵纪守法情况作为积分考评的重要方面，充分体现了自治、法治和德治的有机结合，让乡村事务管理更加高效。

四是提高了乡村治理效能。积分制把纷繁复杂的村级事务标准化、具象化，解决了乡村治理工作"没依据、没抓手、没人听"的问题；并且将村级事务与村民利益紧密联系起来，让乡村治理由"任务命令"转为"激励引导"，村干部和农民群众形成了共同目标，节约了管理成本，提升了治理效能。

◉ 什么是乡村治理清单制度?

2021 年 9 月,农业农村部、国家乡村振兴局印发《关于在乡村治理中推广运用清单制有关工作的通知》提出,在乡村治理中运用清单制是在党组织领导下,将基层管理服务事项以及农民群众关心关注的事务细化为清单,编制操作流程,明确办理要求,建立监督评价机制,形成制度化、规范化的乡村治理方式。清单制的运用,有利于减轻村级组织负担,保障农民各项权益,提高乡村治理效率,提升为民服务能力,密切基层党群干群关系。该《通知》要求各地因地制宜编制村级小微权力清单、村级事务清单、公共服务事项清单等,明确实施的主体、内容、流程,充分发挥上级党委政府、村务监督委员会、群众和社会各方面的监督作用,定期开展考核评议,让群众心中有数、按图办事,干部心中有戒、照单履职。

◉ 什么是乡村治理数字化?

乡村治理数字化是指将数字化技术融入乡村治理体系,推动乡村治理从经验式治理转向精准化治理,从少数人参与的治理向多数人参与的治理转变,促进乡村治理中自治、法治与德治的"三治合一",进而提高乡村治理效率。

◉ 乡村治理数字化的重点推广领域有哪些?

一是农村基层党建数字化。主要是完善"互联网 + 党建"平台,丰富党的理论与政策宣传方式;强化智慧党建管理,推广"阳光党务";为农村基层党组织提供线上党课、在线培训;探索推广党员积分管理,实行党员量化考核等。

　　二是"互联网＋监督"。主要是推进村务"三公开"经常化、制度化和规范化；制定"互联网＋小微权力"清单，搭建阳光公开监管信息平台；推动农民群众、村务监督委员会直接参与村级公共事务监督，促进村务监督常态化等。

　　三是线上便民服务。主要是推动村级基础台账电子化，优化客户端应用功能，简化办事流程；推动"互联网＋政务服务"向乡村基层延伸，简化审批烦琐程序，促进"跨域通办""马上就办"；整合为民服务窗口，推行"一门式办理""一站式服务"，让农民群众从"线下跑路"转变为"云端数据传输"，实现农民群众办事"最多跑一次"；推进在线社会心理健康、医疗咨询问诊、婚姻家庭指导、公共文化宣传等各项服务集成，精准对接农民群众实际需求等。

　　四是基层组织减负。主要是明晰基层事务清单、村级组织代办事项，增强基层信息填报的云端管理和在线调用；建立县域各部门信息互联互通共享机制，提高基层上报数据资料的利用率；依靠数字化平台，改进信息采集和报送方式，提高效率、节约时间、保证质量等。

　　五是平安乡村建设。主要是推进"互联网＋网格"建设，搭建"最后一公里"联防联控平台；加快农村社会治安防控、公共安全体系的数字化建设，强化农村公共安全视频联网应用；运用数字技术对乡镇、重点村组、重要路段进行日常管理等。

◉　什么是乡村治理的接诉即办？

　　接诉即办是指全面深化党建引领，实行"街乡吹哨、部门报到"改革，以 12345 市民服务热线为主渠道的群众诉求快速响应机制。通过将群众诉求直派街道乡镇，以响应率、解决率、满意率为考核指标，推动各级党委政府对群众诉求"闻风而动、接诉即办"，快速响应、快速办理、快速反馈。接诉即办将党建引领的政治优势、组织优势转化为治理优势，切实增强了人民群众的获得感幸福感安全感。

◉ 什么是农村网格化管理?

农村网格化管理是指将农村地区划分为若干个网格，在网格内指定专兼职人员负责网格管理和信息采集，依托网络信息管理系统，及时反映网格动态，解决农村出现的问题，提供村民需要的服务，从而实现精细化、规范化、信息化管理。

在精细化管理方面，每个网格通常由5~10个自然村或居民小区组成，村级网格管理员负责解决居民的基本需求、社区问题和突发事件，并协调相关部门提供服务和支持。在规范化服务方面，村级网格管理员按照标准化的工作程序和服务要求，为居民提供公共服务，包括卫生健康、教育文化、社会保障、环境卫生等方面的服务，提高服务质量和效率。在信息化支持方面，借助信息技术手段，建立和管理村级网格化管理平台，实现信息共享和交流，可以及时了解每个网格的情况、问题和需求，提高管理决策的科学性和准确性。

◉ 什么是12345政务服务便民热线?

12345政务服务便民热线是指各地市人民政府设立的由电话12345、市长信箱、手机短信、手机客户端、微博、微信等方式组成的专门受理热线事项的公共服务平台，提供"7×24小时"全天候人工服务。主要受理范围包括：对行政职能职责、政策规定、办事流程和其他公共服务信息的咨询；对行政管理、社会管理、公共服务方面的投诉以及意见和建议；对行政职权范围内非紧急类管理、服务方面提出的求助；对公民、法人和其他组织危害群众生命财产安全、危害公共财产安全、影响经济社会发展的违法违规行为的举报；对政府部门及其工作人员在办事效率、行政效能方面的表扬等。

◉ 什么是"枫桥经验"？

"枫桥经验"最早是指20世纪60年代初，浙江省诸暨市枫桥镇干部群众创造的"发动和依靠群众，坚持矛盾不上交，就地解决，实现捕人少，治安好"的基层治理经验，成为全国政法战线的一面旗帜。此后，"枫桥经验"不断与时俱进、创新发展，坚持"为人民服务"的价值立场，坚持"走群众路线"的根本方法，坚持"党的领导"的中国特色，形成了具有鲜明时代特色的"党政动手，依靠群众，预防纠纷，化解矛盾，维护稳定，促进发展"新经验，在治理理念上，从侧重社会稳定为主，转为社会全面进步，推进基层社会治理现代化；在治理主体上，从一元治理转为多元治理，形成了共建共治共享的社会治理格局；在治理方式上，从传统治理转为数字治理，从被动治理转为主动治理，从事后治理转为事先预防，形成了系统治理、依法治理、综合治理、源头治理的现代治理体系。

◉ 什么是乡村治理示范村镇创建活动？

2019年6月，中央农办、农业农村部、中央宣传部、民政部、司法部印发《关于开展乡村治理示范村镇创建工作的通知》，启动开展乡村治理示范村镇创建活动，主要目的是通过示范创建活动推动健全党组织领导的自治、法治、德治相结合的乡村治理体系，培育和树立一批乡村治理典型，发挥其引领示范和辐射带动作用，进一步促进乡村治理体系和治理能力现代化。

在创建标准上，示范村的创建标准包括村党组织领导有力、村民自治依法规范、法治理念深入人心、文化道德形成新风、乡村发展充满活力、农村社会安定有序等 6 项指标；示范乡镇的创建标准包括乡村治理工作机制健全、基层管理服务便捷高效、农村的公共事务监督有效、乡村社会治理成效明显等 4 项指标。

该项活动于 2019 年、2021 年开展了 2 次，共创建了 199 个全国乡村治理示范乡镇和 1992 个全国乡村治理示范村，示范带动了各地相关活动开展。2023 年启动了第三批乡村治理示范村镇创建工作，由农业农村部、中央宣传部、司法部负责组织实施。

◉ 如何推进平安乡村建设？

一是用好"互联网＋"手段。大力实施农村"雪亮工程"，建立健全立体化、信息化农村社会治安防控体系，探索"互联网＋网络管理"模式，实现网上监控、网上管理、网上办案。强化乡村信息资源的互联互通，实现信息共享。

二是化解公共安全风险。健全农村公共安全体系，加强乡村交通、消防、公共卫生、食品药品安全、地质灾害等公共安全事件易发领域隐患排查和治理，及时发现、处置、化解各种公共安全风险。

三是加强农村警务建设。大力推行"一村一辅警"机制，扎实开展智慧农村警务室建设，加强对社区矫正对象、刑满释放人员等特殊人群的服务管理，建立防范和整治"村霸"长效机制。

四是强化意识形态管理。依法加大对农村非法宗教活动、邪教活动打击力度，制止利用宗教、邪教干预农村公共事务，大力整治农村乱建宗教活动场所、乱塑宗教造像等行为。

◉ 什么是农村精神文明建设？

农村精神文明建设包括农村思想建设和农村文化建设两个方面，它是相对于农村物质文明建设来讲的，一方面，农村物质文明建设的发展为精神文明建设提供物质基础，带来广大农民精神面貌的变化，思想观念的解放，开阔了视野，渴求建设新生活，并对农村精神文明建设需要不断提出新任务和要求；另一方面，农村精神文明建设的发展又成为物质文明建设得以巩固和发展的必要条件，不同程度地规定和影响着物质文明建设方向，并为物质文明建设提供强大精神动力。二者之间是互为条件、互相促进，相辅相成的。

◉ 农村精神文明建设存在的主要问题是什么？

随着农村社会经济成分、组织形式、经济利益、就业方式的多样化，导致农民的思想观念、道德意识、文化认同趋于多样化，农村精神文明建设面临新形势新要求，还存在许多短板弱项。

在文明创建方面，还有不少乡镇特别是农村的文明程度较低，突出表现在脏、乱、差现象没有从根本上得到改观，群众性精神文明创建活动成效不明显，精神文明建设发展不够均衡。

在思想观念方面，理想信念缺失，对国家大事漠不关心，人生观、价值观错位；小富即安、不思进取，"上午转转田埂，下午搓搓麻将，天黑进入梦乡"的知足常乐者大有人在；大钱无力赚，怕吃苦，小钱不在乎，希望一夜暴富者大有人在；婚丧嫁娶讲排场、比阔气的风气也很盛行；少数群众依法办事的观念还不强。

在道德建设方面，少数人的社会责任心和诚信意识在弱化，唯利是图、不择手段在强化。如借债不还、恶意拖欠，以次充好、缺斤短两的现象仍存在。少数家庭仍存在"恶夫""恶媳""恶邻"现象。提高广大农民思想道德素质还缺乏有效抓手。

在科学文化方面，目前农村的封建迷信活动有蔓延之势，一些农民遇到不顺心的事就求神拜佛，算命问卦，因病求迷信的也大有人在，不仅耗费了巨额钱财，也毒化了社会风气；个别宗教势力在农村悄然兴起，有的甚至介入农村的民主选举。另外，相当数量的镇村文化阵地严重萎缩，经费投入不足，群众性文化体育活动的覆盖面较小、参与率较低，精神文化生活还比较枯燥和单调。

在农村教育方面，无论是农村中小学的教育设施，还是师资力量、管理水平、教育质量等，都与城镇中小学有一定的差距，有的差距甚至比较大，必然会影响到农民的思想道德素质和科学文化素质的全面提高。另外，广大农村大量留守儿童和青少年的心理健康与精神文化生活问题也需要引起高度重视。

◉ 如何推进农村精神文明建设？

农村精神文明建设是滋润人心、德化人心、凝聚人心的工作，要绵绵用力，下足功夫。一是深入开展习近平新时代中国特色社会主义思想学习教育，广泛开展中国特色社会主义和中国梦宣传教育，加强思想政治引领。二是弘扬和践行社会主义核心价值观，推动融入农村发展和农民生活，把弘扬传统道德与培育文明新风结合起来。三是拓展新时代文明实践中心建设，广泛开展文明实践志愿服务。四是推进乡村文化设施建设，建设文化礼堂、文化广场、乡村戏台、非遗传习场所等公共文化设施，打造特色文化品牌，大力开展群众文化活动。五是深入开展农村精神文明创建活动，持续推进农村移风易俗，健全道德评议会、红白理事会、村规民约等机制，治理高价彩礼、人情攀比、封建迷信等不良风气，推广积分制、数字化等典型做法，改变农村不良风俗习惯，引领养成良好社会风尚。

◉ 什么是社会主义核心价值观？

党的十八大提出，倡导富强、民主、文明、和谐，倡导自由、平等、公正、法治，倡导爱国、敬业、诚信、友善，积极培育践行社会主义核心价值观。其中：富强、民主、文明、和谐是国家层面的价值目标，自由、平等、公正、法治是社会层面的价值取向，爱国、敬业、诚信、友善是公民个人层面的价值准则，这24个字是社会主义核心价值观的基本内容。

◉ 什么是乡风文明？

所谓"乡风文明"主要是指乡村文化的一种状态，是一种有别于城市文化，也有别于以往农村传统文化的一种新型的乡村文化。它表现为农民在思想观念、道德规范、知识水平、素质修养、行为操守以及人与人、人与社会、人与自然的关系等方面继承和发扬民族文化的优良传统。它摒弃传统文化中消极落后的因素，适应经济社会发展，不断有所创新，并积极吸收城市文化乃至其他民族文化中的积极因素，形成积极、健康、向上的社会风气和精神风貌。

◉ 什么是农耕文明？

农耕文明，是指由农民在长期农业生产中形成的一种适应农业生产、生活需要的国家制度、礼俗制度、文化教育等的文化集合。农耕文明集儒家文化及各类宗教文化于一体，形成了自己独特的文化内容和特征，但主体包括国家管理理念、人际交往理念以及语言、戏剧、民歌、风俗及各类祭祀活动等，是世界上存在最为广泛的文化集成。

农耕文明强调农业生产系统的协调、统一、和谐，强调天、地、人三位一体的大农业观、大循环观和大环境观，探索出一种以"万物并育"为主要特点的生态农业模式。

◉ 如何保护和传承农耕文明？

中华民族创造了源远流长、灿烂辉煌的农耕文明，从旱作梯田、稻鱼共生的农耕技术，到节气时序、天时地利的农耕经验，从庭院民宅、古村深巷的农耕景观，到耕读为本、邻里守望的农耕文化，都是中华文化的重要组成部分，不仅不能丢，还要不断将其发扬光大。农业农村部已连续公布七批中国重要农业文化遗产名单，总数达 189 个。保护和传承好农耕文明，一方面，需要将农耕文明优秀遗产和现代文明要素结合起来。推动现代科技与传统农业智慧有效融合，激活农业文化遗产的时代内涵，发挥其品牌增值效应，让农耕文化资源变成帮助农民增收的生产力。另一方面，需要将农村精神文明建设和传承优秀农耕文化结合起来。深入挖掘乡村熟人社会中蕴含的道德规范，引导广大农民向上向善、孝老爱亲、诚信重礼、勤俭持家。发挥地方戏曲、民间歌舞、剪纸等传统文化的作用，加强宣传引导，弘扬社会正气。将农耕文化纳入教育课程体系，让更多学生增长农业知识、培养爱农情怀。

◉ 什么是新时代文明实践中心？

新时代文明实践中心是在农村基层宣传思想文化活动和加强精神文明建设的中心。2018 年 8 月，中共中央办公厅印发《关于建设新时代文明实践中心试点工作的指导意见》，决定在 12 个省（市）的 50 个县（市、区）部署开展新时代文明实践中心试点工作。2019 年 10 月，中央文明办印发《关于深化拓展新时代文明实践中心建设试点工作的实施方案》，将试点县（市、区）覆盖到全国 31 个省（区、市）和新疆生产建设兵团，数量由 50 个扩大到 500 个。

新时代文明实践中心以全县域为整体，以县、乡镇、村三级为单元，以志愿服务为基本形式，打通城乡公共文化服务体系的运行机制、文化科技卫生"三下乡"的工作机制、群众性精神文明创建活动的引导机制，整合人员队伍、资金资源、平台载体、项目活动，推动基层宣传思想文化工作和精神文明建设改革创新，实现更富活力、更有成效、更可持续的发展。

◉ 新时代文明实践中心的工作内容有哪些？

一是学习实践科学理论。组织农村党员群众深入学习习近平新时代中国特色社会主义思想，引导他们领会掌握这一思想的基本观点、核心理念、实践要求，不断增进政治认同、思想认同、情感认同，通过开展形式多样的教育实践活动，让他们更真切地领悟思想，更好地用于指导生产生活实践。

二是宣传宣讲党的政策。宣传阐释党中央大政方针、为民利民惠民政策，特别是致富兴业、农村改革、民生保障、生态环保等与农民利益密切相关的政策，引导农村群众自觉把个人和小家的幸福与国家的发展、民族的梦想联系起来，诚实劳动、不懈奋斗，用自己的双手创造美好生活。

三是培育践行主流价值。广泛开展中国特色社会主义思想、中国梦、社会主义核心价值观宣传教育。深入实施公民道德建设工程，开展爱国主义教育，弘扬中华传统美德，倡导社会主义道德，开展学习时代楷模、道德模范、最美人物、身边好人等活动，引导农村群众向上向善、孝老爱亲，重义守信、勤俭持家。推动社会主义法治精神走进农村群众、融入日常生活。

四是丰富活跃文化生活。广泛开展群众乐于参与、便于参与的文化活动。深入挖掘和弘扬中华优秀传统文化蕴含的思想观念、人文精神、道德规范。经常性组织开展乡村广场舞、地方戏曲会演、群众体育比赛、读书看报、文艺培训等活动，提振农村群众的精气神。

五是持续深入移风易俗。开展移风易俗、弘扬时代新风，破除陈规陋习、传播文明理念、涵育文明乡风。倡导科学文明健康的生活方式，宣传普及工作生活、社会交往、人际关系、公共场所等方面的文明仪规范。针对红白事大操大办、奢侈浪费、厚葬薄养等不良习气，广泛开展乡风评议，发挥村民议事会、道德评议会、红白理事会、禁毒禁赌协会等群众组织的作用。

◉　如何开展农民思想政治教育？

加强农民思想政治教育是农村精神文明建设的重要任务，有助于全面提升农民文明素养、引导农民追求美好精神生活，为乡村振兴提供强大精神动力。要结合新时代新使命新要求明确农民思想政治教育内容，加大"三农"政策宣传力度，特别是要广泛深入宣传习近平新时代中国特色社会主义思想；要结合农民特点创新思想政治教育方式方法，用"接地气"的语言讲深刻道理，利用好"屋场会""院坝小讲堂"和赶场、民俗文化活动等群众喜闻乐见的形式，让党的创新理论飞入寻常百姓家；要持续培育和践行社会主义核心价值观，大力弘扬中华优秀传统文化，积极传承优良家风，引导广大农民培养正确的世界观、人生观、价值观，为乡村振兴奠定扎实的思想道德基础。

◉　什么是"听党话、感党恩、跟党走"宣讲活动？

2021 年 4 月，中央农办、中央宣传部、中央网信办、农业农村部等部门在全国农村启动开展"听党话、感党恩、跟党走"宣讲活动，主要目的是庆祝中国共产党百年华诞，展示"三农"领域全面建成小康社会取得的巨大成就，激励广大农民群众满怀信心奋进新征程、建设现代化。主要内容是深入开展习近平新时代中国特色社会主义思想学习教育，弘扬和践行社会主义核心价值观，加强爱国主义、集体主义、社会主义教育。倡导新风尚，持续推进农村移风易俗，培育文明乡风、良好家风、淳朴民风。探索总结教育引导农民群众的新典型新模式，切实增强农村思想政治工作的针对性和有效性。活动在全国各地产生强烈反响、取得良好效果。

◉ 如何开展文明家庭创建？

一是引导广大农民从自身做起、从家庭做起，培育形成爱国爱家、相亲相爱、向上向善、共建共享的社会主义家庭文明新风尚。二是聚焦农村家庭普遍关注的子女教育、居家养老、恋爱婚姻、家庭关系等，着力推动解决实际问题，使工作接地气、贴民心。三是涵养好家教，传承好家训，建立体现传统美德、符合生活实际的家规，努力建设新时代家风文化。四是农村党员干部要做好榜样示范，树立正确的家庭观、亲情观，坚持廉洁修身、廉洁齐家，带头做家庭文明的践行者。

◉ 如何开展文明村镇创建？

一是抓好农民生活习惯养成，着力在除弊布新、崇尚新风上下功夫，倡导科学文明、绿色健康的生活方式，培育融洽和谐的人际关系。二是抓好农村人居环境改善，整治村容村貌，让农村留住田园乡愁，让农民共享发展成果。三是抓好农村志愿服务，聚焦空巢老人、留守儿童、残障人士以及困难群众等群体，开展邻里守望互助等学雷锋志愿服务活动，把温暖送到百姓心坎。四是抓好县域整体创建质量，坚持以城带乡、城乡共建，促进文明村镇创建提质扩量，引导和推动县域农村精神文明建设上台阶上水平，不断提升农民精神风貌，焕发乡村文明新气象。

◉ 什么是文化惠民工程？

文化惠民工程是在党的十七大提出来的，在党的十八大、十九大、二十大报告中做了进一步强调和部署，旨在加强公共文化设施建设、产品和服务供给，满足人民群众多层次、多方面、多样化的精神文化需求，让人民群众充分享受文化发展成果，切实保障人民群众的基本文化权益。在农村主要包括乡镇综合文化站工程，加强乡镇综合文化站、村文化室建设；广播电视村村通工程，采用地面无线、直播卫星、有线网络等方式有效覆盖广大农村地区；文化信息资源共享工程，以数字资源建设为核心、基层服务网点建设为重点，运用多种传播方式，加快推进文化信息资源共享；农村电影放映工程，按照企业经营、市场运作、政府购买、农民受惠的原则，推进农村公益性电影放映服务体制改革；农家书屋工程，按照政府资助建设、鼓励社会捐助、农民自我管理的要求，与农村基层组织活动场所建设等相结合，稳步建设农家书屋等。

◉ 如何丰富农民文化生活？

一是广泛开展文化科技卫生"三下乡""结对子、种文化"等群众性文化活动，组建"轻骑兵式"文艺小分队，结合农民需求提供"菜单式"文化服务，让农民群众在乐于参与中丰富精神世界。二是加强乡镇综合文化站、村综合文化中心、农民广场、农家书屋等基层文化设施的建设管理使用，提高综合使用效益。三是立足优秀民族民间文化，挖掘地方特色文化资源，创作更多接地气暖人心的文艺作品，成风化人、以文育人。四是鼓励和扶持群众性文艺社团、演出团体、文化队伍，培育扎根农村的乡土文化人才，开展文化结对帮扶，增强基层文化造血功能。

◉ 什么是中国农民丰收节？

经党中央批准、国务院批复自 2018 年起，将每年秋分日设立为"中国农民丰收节"。具体工作由农业农村部和有关部门组织实施。办好中国农民丰收节，要秉承"庆祝丰收、弘扬文化、振兴乡村"的宗旨，遵循"务实、开放、共享、简约"的原则，坚持农民主体办节日，充分发挥农民群众的智慧和力量，支持鼓励农民自发开展与生产生活生态相关的庆祝活动，实现农民的节日农民乐。坚持因地制宜办节日，突出地方特色，结合当地民俗文化、农时农事，把传统活动继承好、保留好、发扬好。坚持节俭热烈办节日，既要有节日的仪式感，又要避免形式主义和铺张浪费。坚持开放搞活办节日，组织开展亿万农民庆丰收、成果展示晒丰收、社会各界话丰收、全民参与享丰收、电商促销促丰收等各具特色的活动，以及举办各种优秀的农耕文化活动，让全社会都感受到丰收的喜悦和快乐。

◉ 什么是"村 BA"？

"村 BA"是指全国和美乡村篮球大赛，该赛事由贵州省台江县台盘村"六月六"吃新节篮球赛发展而来。2023 年 6 月，农业农村部、国家体育总局联合发出通知，决定组织开展全国和美乡村篮球大赛（"村 BA"），主要目的是加强农村精神文明建设、增强农民群众健身意识，展示新时代农民风采，展现乡村风貌，引领乡村风尚，营造全社会关心关注宜居宜业和美乡村建设的浓厚氛围。大赛由农业农村部农村社会事业促进司和体育总局群众体育司指导，中国农民体育协会联合中华全国体育总会群体部主办，中国篮球协会提供技术支持。大赛分基层赛、大区赛和总决由各省份利用农闲时间自行组织，大区赛由各省份以乡镇（村）为单位推出 2 支球队参加，在全国设东南、东北、西北、西南四个赛区，各赛区获胜球队晋级第三阶段总决赛，首届全国和美乡村篮球大赛（"村 BA"）总决赛在贵州省台江县举办。

◉ 如何推进农村移风易俗？

当前，广大农村中天价彩礼"娶不起"、豪华丧葬"死不起"、名目繁多的人情礼金"还不起"以及孝道式微、农村老人"老无所养"等问题还大量存在，加大了农民群众负担，扭曲了社会价值观，必须进行整治纠正，推动移风易俗，树立文明乡风。

一是发挥村规民约约束作用。在村规民约中充实婚事新办、丧事简办、孝亲敬老等移风易俗内容，制定相关约束性措施，对红白喜事大操大办、不赡养老人等行为进行治理。依托村内红白理事会、老年人协会、村民议事会、道德评议会等群众组织，开展婚丧嫁娶服务、邻里互助和道德评议等活动。通过教育、规劝、奖惩等措施，引导村民遵守相关规定。

二是发挥农村党员干部模范带头作用。对农村党员干部婚事新办、丧事简办、孝亲敬老、抵制天价彩礼等作出相关规定，建立农村党员干部操办婚丧事宜报备制度，对违反相关规定的党员干部进行相应处理。

三是加强舆论引导和文化浸润作用。利用新闻媒体和农村集市、村务公开栏、村大喇叭、村文化墙等宣传阵地，宣传报道婚事新办、丧事简办、孝亲敬老等方面事迹，将树立正确婚丧观和弘扬中华孝道等纳入文化下乡和各类演出活动内容，采取群众喜闻乐见、具有地方特色的形式，培育熏染农民群众道德情操。重视在春节、清明、七夕、中秋、重阳等传统民族节日中引导践行正确婚丧观和中华孝道。推进农村敬老爱老和婚丧嫁娶志愿服务，开展邻里互助和爱心公益活动，让农民群众在参与中改变观念、在实践中提高认识。

四是强化正面激励和法律约束。总结推广"乡村道德银行""文明积分"等奖励模式，对先进典型进行奖励，让德者有得。对孝道式微等现象要加强批评教育，对利用婚丧嫁娶敛财等违法犯罪行为进行重点整治，对不赡养、虐待父母等行为加大惩处力度。

和美

捌 | 第八编

国外实践

◉ 美国的"乡村发展计划"是什么?

美国农业部制订的乡村发展计划涵盖内容相当广泛,几乎包括了乡村社区建设的各个行业,包括房屋建设、社区供水和废水处理、金融服务、发电供电、可再生能源发展、自然资源保护、农业新产品的研发,以及通信和互联网的普及等。主要是通过提供拨款、贷款、贷款保证、技术支持和开展研发等手段来支持乡村地区的社区建设和经济发展。其目的是以社会为基础资助乡村社区的建设和改善低收入乡村地区居民的生活;以市场为基础支持乡村地区的经济发展。

◉ 美国的"生态村"建设是什么?

20世纪60年代,美国政府开始进行"生态村"建设。通过保护生态环境政策的实施,使乡村自然环境大为改观,居住空间的舒适性、新鲜的空气、展现原始风貌的大山、充满活力的野生动物以及广袤的自然景观等都成为吸引资本投资和推动经济结构多样化的动力。20世纪70年代初,美国乡村旅游开始迅速崛起,并成为带动乡村经济发展的有力武器,形成了以农村人居环境整治为抓手带动当地产业发展的典型模式。

◉ 美国的分散式污水处理系统是什么?

美国农村人口约1.18亿人,占总人口的37.3%。早在19世纪50年代,美国农村就开展分散式污水处理系统实践,经过100多年发展已经形成比较完善的农村生活污水治理体系。美国的分散式污水处理系统是一种包括污水现场收集与就近处理的综合系统,主要用于处理家庭、小型社区或服务区产生的污水。根据处理规模不同，分散式污水处理系统可分为现场污水处理系统和群集式污水处理系统两类。

现场污水处理系统适用于单个家庭的生活污水处理，该系统由化粪池和地下土壤渗滤系统构成，污水流入化粪池经厌氧分解后，去除部分有机物和悬浮物后流入土壤渗滤层，经渗滤、吸附、生物降解等净化作用后流入潜水层。该系统对土壤的渗透性、水力负荷等因素有一定的要求，美国国土面积中仅有32％的土壤适用现场污水处理系统。

群集式污水处理系统适用于多户家庭的生活污水处理，通过增加单独的处理装置，提高出水水质。其基本处理流程为：污水经化粪池预处理后，通过重力或压力式污水收集管道，运送到相对较小的处理单元进行物理或生化处理，后经地下渗滤系统或氧化塘等土地处理系统后排放或回用。常见的处理工艺有物理过滤法和生化法。

◉ 美国农村生活污水治理的责任分担模式是什么？

美国各级政府在农村污水方面的主要责任是法案政策的制定、村落式污水处理工程的建设和为农村污水治理提供资金援助与保障。其中，联邦政府负责全国法案计划的制订、全国性项目的实行和建立污水治理项目基金；州政府负责制定区域的规章，并通过各种行政机构管理下属的农村污水处理体系；市、镇、村政府负责规划、批准、安装分散式污水设施和执行具体规定。

在资金投入保证方面，1989年以后，美国联邦、州级政府更多地采取低息贷款，而不是直接资助的方式帮助农村社区进行污水处理设施的建设与改善。联邦和州级政府共同建立的水污染控制基金、农业部的废水处置项目都有责任为农村污水处理设施建设提供贷款与补助。以水污染控制周转基金为例，美国在每个州都设立相对独立的周转基金，联邦政府出资 80%，州政府匹配 20%，农村社区可以从周转基金中得到利率为 0.2%～0.3% 的长期贷款用于污水工程的建设，这个利率远低于市场利率，在获得充足的建设贷款以后地方政府需要通过地方财政或污水处理费的收入逐年偿还贷款。这种低息贷款方式既保证地方政府能得到足量的资金进行污水处理工程的建设，又保持周转基金长期积累与有效运转。在运营管理方面，美国除了生态敏感区域以外，农村污水治理重视用户自觉制，由用户自己承担污水处理设施的运营管理义务。

◉ 美国的农村生活垃圾是怎么处理的？

（1）健全立法保障。先后于 1965 年、1970 年通过《固体废弃物法》和《资源保护回收法》。除了联邦政府颁布的法案包含对农村垃圾治理相关规定外，部分州市还专门颁布针对农村垃圾处理的专项法规。如俄克拉何马州和肯塔基州对农村地区路边倾倒垃圾问题颁布了法规，对非法倾倒垃圾行为有详细的处罚条文。

（2）引入市场运作。在农业环境保护项目运作中引入市场机制，其支付水平取决于农场主环境保护水平与成效。为降低垃圾处理成本，20 世纪 80 年代以来，美国开始普遍采用招投标制度将垃圾服务对外承包。通过对 315 个地方社区固体垃圾收集的调查显示，私营机构承包要比政府直接提供这种服务便宜 25% 的费用。

（3）提高公众参与。美国在制定环境相关法律、计划时，或者在许可建造废弃物处理设施时，都需要邀请农民广泛参与。只有农民参与制定的法律和计划，农民才有意愿遵守和执行，才是具有可操作性的法律和计划。根据法律，农民可以申请组成类似于非政府组织的农村社区自治体，宣传、推广废弃物循环利用知识和家庭简单易行的再利用、资源化方法，或者是直接开展废弃物回收。在美国农村社区，主要实行公民自治，政府一般不干预社区管理，像农村垃圾治理项目的选址、设计和规划等活动，是由当地居民自己组织、自愿参加。每家每户都配备专门的垃圾箱，每天早晨送到公路边，由专车带走分类垃圾。

● 英国的"农村中心村"建设是什么意思？

从 20 世纪 50 年代开始，英国政府意识到城市和乡村都不能分离开来搞建设，必须把城市和乡村结合起来，因此，英国政府开始针对乡村作出一系列发展规划，建设"中心村"，把"中心村"作为城市的花园，带动城乡一体化发展。

英国的"中心村"就是城市的花园，其建设目的是缓解城市和乡村之间的矛盾，改善乡村人口不足、基础设施薄弱的问题，加强乡村人口的集中和乡村基础服务设施的建设。英国政府为了极大地发挥乡村经济作用，使乡村成为大规模的经济增长中心，出台了一整套综合性的政策规划，以促进乡村人口、就业、居住、基础设施和服务设施向"中心村"转移。英国政府的大规模投入，使"中心村"广泛发展起来。自 20 世纪 70 年代中期以来，英国政府调整了"中心村"的发展策略，将过去单一化的大规模发展模式改为中心村结构的发展模式，让"中心村"按照自己的需求去发展，各个地区可以根据自己的特色来发展，推动目前英国乡村发展欣欣向荣。

◉ 英国是怎么保护乡村特色文化的？

英国政府十分注重乡村特色文化的保护，于 1949 年颁布《国家公园和享用乡村法》，通过法律来保障英国乡村的传统特色文化，使得英国乡村的老房子、老教堂、栅栏等都保持着乡村的原汁原味，同时政府也鼓励和扶持具有地方特色的农产品的生产和经营，因此，英国每个乡村都可以拿出属于自己的特色来。英国乡村还有特色乡村节日，以此吸引城里人来休闲娱乐，政府还借此建立了乡村协会和俱乐部，以期大家共同努力保护乡村特色。

除政府外，英国还有许多民间组织致力于保护乡村文化特色，英国乡村保护协会就是其中一个，这个组织致力于保护能与现代化并驾齐驱的乡村文化，使城乡融为一体。

◉ 德国的休闲农庄是什么意思？

20 世纪 90 年代以来，德国政府在倡导环保的同时，大力发展休闲农业，主要形式是休闲农庄和市民农庄。市民农庄是利用城市或近邻区的农地，将其规划成小块出租给市民，承租者可以在农地上种花草、瓜果、树木、蔬菜或经营家庭农艺。种植过程中绝对禁用矿物肥料和化学保护剂。通过亲身耕种，市民可以享受到回归自然以及田园生活的乐趣，让城市市民分享"农耕文化"。

休闲农庄主要建在林区或草原地带。这里的森林不仅发挥着蓄水、防风、净化空气及防止水土流失的环保功能，而且还发挥出科普和环保教育的功能。学校和幼儿园经常带孩子们来到这里，成人也来参加森林休闲旅游，在护林员的带领下接触森林、认识森林、了解森林。一些企业还把团队精神培训、创造性培训等项目从公司封闭的会议室搬到开放的森林里，获得了意想不到的培训效果。

◉ 德国休闲农庄有哪些功能？

德国休闲农庄的主要功能从宏观上看，促进了农业在都市的保存与发展，使农业不因都市建设范围的扩大而萎缩，同时休闲农庄的存在，增加了城市的绿地面积，改善了生态环境。它还发挥着社区活性化作用，为市民的交流与沟通提供了园地，有助于改善居民邻里关系。

对于市民个人来说，休闲农庄具有以下功能：一是休闲农庄犹如都市里的绿洲，提供自然、绿化、美化的绿色环境，是市民独自休闲与亲近土地、绿地的最佳园地，使身心疲劳的市民可获得多方面的修养与满足，如消除精神紧张，体验农耕与享受丰收的喜悦等。二是广大市民在每天的上下班前后或假日，到休闲农庄体验农耕的乐趣已成为不可或缺的活动，既增加了对农产品的认识与了解，获取关于动植物的多种知识，又锻炼了身体，使生活更加充实，还可以让小孩子接触农耕文化，体会农民的辛苦，培养热爱劳动的习性。三是在休闲农庄里，因共同耕种而增加与亲友交流的话题，是家庭间男女老少对话与进行健康活动的最佳场地。动员家庭全员行动，可以促进社区内部代际的互动交流。特别是夫妻一起到农园工作，增加相处时间和沟通机会，增进夫妻感情，维系更加稳固的家庭关系。四是在市民农庄里，人们是对大自然的一种回归，觉得蔬菜、花、水果、竹笋、鸟、昆虫和自己一起进行同样的呼吸。人们既可以享用新鲜、卫生、安全、清洁的自产农产品，也可以在休闲农庄里认识许多志同道合的朋友，或因农产品的赠送而拓展人际关系，扩大交际面等。

◉ 什么是德国的"村庄更新"？

德国"村庄更新"始于 20 世纪 50 年代早期的农村土地整理，当时德国城镇化水平已达 60% 左右。"村庄更新"主要目标是改善乡村土地的拥有结构。20 世纪七八十年代，德国基本实现现代化。该时期村庄更新开始审视村庄的原有形态和村中建筑，重视村内道路的布置和对外交通的合理规划，关注村庄的生态环境和地方文化，并且强调农村不再是城市的复制品，而是有着自身特色和发展潜力的村落。进入 20 世纪 90 年代，农村建设融入了可持续发展的理念，开始注重生态价值、文化价值、旅游价值、休闲价值与经济价值的结合。

德国"村庄更新"采取自下而上的形式，每一步决策都以"村落风貌"本身为立足点，有广大村民参与。这个过程决定了每个村落的更新过程具有强烈的自省和批判意识。一般来说，一个村庄的更新需要 10～15 年时间。在村落更新中，除了居民和政府两大力量外，建筑师在每个村落更新项目启动伊始便参与其中，对村落的历史状况、现存问题和未来发展方向等提供专业的分析和建议。

◉ 德国"村庄更新"的主要做法是什么？

（1）注重城乡整体规划。德国政府将村庄更新工作纳入整个城乡规划体系。村庄更新规划具有一定的综合性，需要满足上位规划对于该村庄发展的要求，也需要与村庄不同时期的建设计划相适应。对于科学合理规划农村地区未来的产业结构，提升村庄居民的生产、生活环境，保护农村地区的人文遗产和自然风貌具有重要意义。如：巴伐利亚州自20世纪50年代以来，就研究确定农村地区整体发展规划，并严格按照规划实施农村地区的更新工作。具体工作内容包括重新划定发展区域、优化村庄产业结构、提升改善村庄面貌、修缮改造传统民居、保护自然人文遗产等。除了整体发展规划，还编制了具体的村庄更新实施规划，用于对实施项目管理。

（2）注重公众参与。德国《联邦建筑法典》明确规定，在规划编制过程中，公民有权参与整个过程并提出意见、建议及诉求。通过公民与政府之间的沟通、交流，可以让居民感受到更强的参与感，并更加积极地投身村庄更新工作中。政府可以采用宣传海报、讲座以及各种新媒体的手段让村民及时了解村庄更新工作最新进展，并可以让村民通过不同渠道提出自己对于村庄更新工作的各项意见建议，以确保规划编制能够落到实处。

（3）注重公共基础设施建设。乡村公共基础设施按照区域整体规划和片区详细规划统筹规划、建设，并参照城市地区相同的建设标准、排污管网和垃圾分类、处理设施等，让农村居民可以享受到与城市居民相同的公共基础服务设施水平。为此，德国出台一系列法律法规，通过补贴、贷款、担保等方式支持乡村基础设施建设，保护乡村景观和自然环境，使乡村更加美丽宜居。经过逐步演变，村庄更新计划已成为"整合性乡村地区发展框架"，包括基础设施改善、农业和就业发展、生态和环境优化、社会和文化保护等四方面目标。一个村庄的改造一般要经过10～15年时间才能完成。通过实施村庄更新项目，德国大部分乡村形成了特色风貌和生态宜人的生活环境，乡村成为美丽的代名词。

◉ 德国是怎么处理农村生活污水的？

目前，德国处理农村生活污水主要采用分散式污水处理模式，有三种分散式处理系统。

（1）分散市镇基础设施系统。在没有接入排水网的偏远农村建造先进的膜生物反应器，并进行雨污分流，通过膜生物反应器净化污水，不仅可以降低污水处理成本，还能在净化污水的过程中产生氮气，增强农村土壤肥力。

（2）湿地污水处理系统。将农村生活污水通过下水管道汇集流入沉淀池，经过沉淀池的4层渗滤之后，再经湿地净化处理，然后达标排放或用于农田灌溉。该系统运转无须化学药剂，所有材料均来源于大自然，对周边环境没有二次污染。湿地表面干燥，没有积水，构成景观绿地，日常运行费用很低，工艺流程简单，管理方便。

（3）多样性污水分类处理系统。居住区屋顶和硬质地面上的雨水通过管道收集，流入居住区内设置的渗水池。渗水池经过特殊的造型和环境设计，外观融入小区的绿化设施，成为景观设计的一部分，池底使用特殊材料如砾石等，使池中的水自然下渗并汇入地下水。在暴雨或降水量大的情况下，多余雨水导入相连的蓄水池，使雨水自然蒸发或通过沟渠汇入地表水，通过这种处理方式，雨水可下渗或者直接进入自然界的水循环。洗菜、洗碗、淋浴和洗衣等灰水，通过重力管道流入居住区内的植物净水设施进行净化处理。

◉ 意大利对农村生活污水是怎么处理的？

意大利的农村生活污水以集中式处理为主。意大利政府依靠良好的公路网络体系在公路沿线铺设管道集中收集农村生活污水，并由国家、大区、省政府和基层政府分别负责国道、区道、省道和干线下的污水管网建设和投资，用户承担私有住宅到主管网的支线建设费用。污水集中处理农村用户仅需按照城镇居民污水处理费标准的30％向政府支付污水处理费，对不便接入排污管道的农村居民家庭可通过建立家庭式污水储存与净化池，交由专业机构维护与运营。

◉ 挪威对农村生活污水是怎么处理的？

挪威对农村生活污水主要采取原位处理的方法，包括化粪池、配水装置和土地渗滤系统等，部分地区因土壤渗透性差，一般采用一体化小型处理设施，先利用化粪池进行预处理，再利用生物处理工艺、化学处理工艺或者两者联用的模式进行处理。

◉ 法国的农村生活垃圾是怎么处理的？

法国农村地区产生的生活垃圾均由市政一级机构进行统一收集和处理。农村的垃圾分类必须将有机垃圾与无机垃圾进行严格区分。工作人员收取垃圾时，如果发现村民没有按规则对垃圾进行分类，或把不适当的东西放到垃圾里，将会拒绝收集这些垃圾箱甚至罚款。每户村民均会收到由政府统一定制的不同大小共4个垃圾箱。垃圾箱装有轮子、把手及密封盖，特点是不会散发气味，又便于移动。统一垃圾箱的标准，是为了便于垃圾收集车自动将箱里的垃圾倾倒入车，随车的清洁工只需将垃圾箱挂在清洁车的专用装置上即可完成操作。对于体积过大的废弃物，如淘汰的旧家具和旧家电等，则需要通过电话或在专门的网站上进行预约，在得到一个回收的序列号后通过手写或打印的方式将其贴在需要弃置的物品上，并在指定时间摆放在家门前，会有专人进行回收处理。

◉ 韩国"新村运动"是什么？

韩国政府从 20 世纪 70 年代初开始在全国开展"新村运动"，目的是动员农民共同建设"安乐窝"，政府向全国 3.3 万个行政村和居民区无偿提供水泥，用以修房、修路等基础设施建设。同时筛选出 1.6 万个村庄作为"新村运动"的样板，带动全国农民主动创造美好家园。

新村运动的最大特征，就是始终以农民为主体、以农民脱贫致富为内在动力，是以农民的亲身实践、政府扶持为主要形式的社会实践。通过启发农民从改善身边的生活环境、脱贫致富和增加农家收入开始，激励先进，鞭策后进，政府扶持，官民一体，最后成为建设家乡和新农村的自觉行动，在短短几年时间里改变了农村破旧落后的面貌，让农民尝到了甜头，获得了巨大的经济、社会效益。

◉ 韩国"新村运动"是怎么改善农村人居环境的？

韩国"新村运动"首先从改善农村居住环境着手，1970 年 11 月，韩国政府首先拨款 20 亿美元启动"新村运动"，主要用于修建农村用水系统、供电系统和通信设施、改建村庄和修建乡村道路等。韩国中央政府免费向全国 3 万余个村庄发放水泥用于村里公共事业。地方政府提出 20 种乡村建设项目，主要包括修建桥梁、公共浴池、改善饮水条件、建造村活动室、改造卫生间和村级公路等。同时，韩国政府向农民普遍提供长达 30 年的低息贷款并推荐 12 种标准住宅图纸，让农民新建或改造住房。到 20 世纪 70 年代末，昔日的稻草房全部消失，全国大部分村庄完成道路改建，并安装了简易自来水设施，村民彻底告别饮用井水的历史。村庄建设规划有序，整齐洁净，房前屋后都种有花草树木，农村面貌焕然一新。

◉ **韩国对农村生活垃圾是怎么处理的？**

为有效处理农村垃圾和防止私自焚烧，韩国政府于 2002 年 7 月推行了"基于量的村级垃圾收费制度"，在 50 户以下的村或者不属于垃圾管理区的乡村实行以垃圾收集箱为主的垃圾集中转运，替代垃圾袋的使用。2018 年，韩国农村垃圾分类比例达到 81.3%，私自焚烧或填埋垃圾的比重仅占 14.5%，主要做法如下：

（1）成立由村长、妇女协会主席、青年团体主席等村庄能人组成的委员会，讨论决定村庄垃圾处理问题，包括垃圾箱放置位置选址，任命管理人员负责管理村庄基金，垃圾的收集频率、收费方法、运输方案、处理方式等。此外，还负责管理村庄基金，用于支付垃圾处理费用。组建独立的监督小组，指定废物收集监督员，负责取缔非法焚烧或处置垃圾的行为。指定管理人员，负责通知居民指定的垃圾处理地点、垃圾排放方式。采用网站教学、发放宣传日历等多种方式让农村居民学会并应用垃圾分类。

（2）合理划定各方责任，协调配合共同治理。市政主管（相当于村委会）需要分别为可回收垃圾、不可回收垃圾安装垃圾收集箱，负责收集、运输和处理垃圾并收取处理费用，可以将垃圾收运承包给私营公司；村民应该自觉将垃圾分为可回收和不可回收两类，并放置到垃圾收集箱中，不可自行焚烧。

（3）建立完善农村生活垃圾分类体系。将农村地区垃圾分为两类，一类是农业废料，包括农用塑料、农药瓶和可回收物品与日常生活垃圾分开，农业机械和废油分开收集，每个月回收 2 次，并运送到最近的回收中心；另一类是可回收垃圾，每种都有独立的回收箱，每个月回收 1 次。

◉ 日本的"造村运动"是什么？

为解决地域"过疏"问题，日本从 20 世纪 70 年代末开始推行"造村运动"，强调对乡村资源的综合化、多目标和高效益开发，以创造乡村的独特魅力和地方优势。"造村运动"的着力点是培植乡村的产业特色、人文魅力和内生动力。"造村运动"中最具代表性的是"一村一品"运动。同时，在"造村运动"中，注重引导支持村民开展一系列文化活动，复兴农村文化传统。经过 20 多年造村运动，消除了城乡之间的差距，改善了农村生活质量，增加了农民收入。

◉ 日本村容村貌提升有什么特点？

日本村容村貌坚持传统及富有民族特色、风貌精致且讲究生活情趣、分散居住、功能划分、适应防震需要的住区建筑形态。日本农村的建筑形态高度地趋于一致，坚持传统建筑特色，特立独行的建筑形态相对较少，新时期的建筑虽然融入了一些时代的元素，但在外形上也基本以日本传统建筑形式为原型和基准，同旧式建筑的风貌区别不明显。日本的住宅风貌依旧保持原有的形态，在旧有建筑基础上配备现代化的生活设施，没有受西方建筑标准的影响。

◉ **日本是怎么推进农村卫生厕所改善的？**

日本推行改善卫生行动，可分为两个阶段：第一阶段是厕所设施质量提升阶段。将农村家庭厕所定位在"改善生活"的高度，有计划、有目的地推动改良过程，主要目标是减少传染病、减少寄生虫症、逐步将重点转移到生活的现代化与合理化。农村厕所硬件条件改良包括便池和贮存方法、便池清除方式从掏取式变为水洗式、厕所从户外变为设置在户内。1965 年以后全面引入水洗化厕所，1980 年普及率达 50％以上，2001 年后普及率达 85％以上。第二阶段是厕所和卫生状态改善阶段。推行"居民参与型"卫生改善行动，要求各家庭主动采取措施，政府发放一定的硬件补助金，但大部分由居民自己负担。在日常生活中要求对厕所及时清扫，并喷洒杀虫剂。实施灭杀蚊蝇的卫生行动，包括设置厕所和取粪口密封盖；厕所窗户安装防蝇网，防止苍蝇进入便池；定期翻动厕所周边的土壤，防止土中蝇蛹孵化；便池以及掏粪口等整体进行混凝土硬化等。同时，组织开展多种形式的地区卫生活动，如由学校发起、学生参与举办的海报和标语比赛，入户访谈交流等。通过媒介宣传，推广最好的实践方法，使区域所有人员获得成就感。

◉ **日本是怎么推进农村生活污水治理的？**

日本农村生活污水治理由行政机关、用户以及行业污水治理中介服务机构共同参与完成，尤其是作为第三方的行业中介服务机构在农村生活污水设施运营方面担任重要角色，推动农村生活污水处理设施的低成本化研究与开发。同时，日本对第三方生活污水处理中介服务机构的要求也相当严格，如行业机构须取得相应的资质，从业人员须获取相应的专业证书等，并建立一系列自上而下的约束性法规及标准，如日本政府专门颁布的《净化槽法》，建设省专门颁布的有关净化槽的构造标准，通过标准的导向作用，引导第三方的生活污水处理服务机构选择适宜的污水处理工艺，提高生物污水处理效率。主要做法：

（1）建立责任管理体系。日本的农村污水处理主要由下水道、农业村落排水设施、净化槽三种建设方式构成，分别归属国土交通省、农林水产省和环境省管辖，在城市规划区域和农业村落排水设施之间涉及自然公园区域以及对水质有特殊要求的区域设定特定环境保护公共下水道，归国土交通省管辖。

（2）统筹治理规划设计。《都道府县构想》推动三个部门负责的三类项目整合。污水处理设施的建设以这三大项目为核心展开，其基本思路是由地方政府参考各种方式的特点、经济性等因素，结合地方的实际情况选取最为合理的方式通过编制《都道府县构想》来实施。《都道府县构想》是三个部门联合编制的经济性研究规划，在《都道府县构想》制定过程中，都道府县以整个地区为对象，以市町村的计划和构想为基础，进行合理的统筹安排，综合考虑经济性、维护管理、紧迫性等因素，并充分征求市町村、社会团体和民众的意见。

（3）污水资源循环利用。农业村落排水项目是农林水产省面向农业振兴地区提供的补贴项目，农业村落排水具备与下水道同样的功能，一方面能够维持和保护农业用水排水设施的水质与功能，改善农村环境，同时也保护公共用水域的水质。污泥处理方面多采取在粪尿处理设施时进行处理的方式，最终大约69%的污泥还原农田。出水排放到农业用水水路和小河川，作为农业用水加以循环利用，污泥则通过还田等也能再利用，实现地区内资源循环。

（4）完善维护管理体系。日本农村污水处理领域项目的运营管理主要由市町村负责进行，多数是作为公营企业经营，在具体操作上一般委托给民间第三方机构，民间机构必须由具备下水道法及净化槽法所规定的有资质的人员来执行。包括关于安全管理、卫生管理、危险防止等，都以法律形式规定资格制度。净化槽等的清扫及污泥处理，一般多按"净化槽法"委托给具有净化槽清扫业许可的清扫业者，也可由业主本身或市町村长指定农户进行污泥的收集搬运、农田还原。清扫业者在进行污泥处理时，应具备"废弃物处理及清扫相关法律"规定的一般废弃物处理业许可。

◉　发达国家农村人居环境建设实践对我们有什么启示？

（1）要建立垃圾分类及收费制度，确保生活垃圾源头减量。实施垃圾分类制度是从源头上控制垃圾产量的有效方法，同时可以有效地进行垃圾的回收利用，减少资源的浪费。农村生活垃圾分类工作的有效实施依赖于全民生活垃圾资源化、减量化教育以及社会管理的配套制度。同时，垃圾收费制度也是实现垃圾减量化的有效途径。发达国家实施垃圾收费制度，根据垃圾产生量收取不同费用，可在一定程度上使居民减少垃圾排放量，并为垃圾处理提供资金保障。

（2）要合理采取农村污水处理方式，降低污水处理运行成本。

发达国家农村生活污水处理模式因地、因势有所不同，处理技术多元化。因此，需结合不同农村地区人口、用地、水环境等特征，因地制宜选取农村生活污水处理方式，对于距离街镇建成区较近的村庄，可结合乡村路网建设铺设短距离污水收集管道，就近接入街镇污水管网，将村庄污水纳入街镇污水处理厂统一处理；对于村庄布局规划中近期将迁并的村庄，可选择分散式污水处理方式作临时过渡处理；对于地形地貌规整、居住相对集中、用地较为紧张的规划保留村庄，可结合农村环境整治工程同步完善村庄道路污水收集管网，建设村庄污水站等小型污水处理设施进行集中处理；对于地形地貌复杂、污水不易集中收集的规划保留村庄，可结合生态循环农业基地等项目建设，强化人畜禽粪便的资源化利用，采用就地处理等相对分散方式处理污水。

（3）要坚持宜居实用为主原则，完善加强基础设施建设。发达国家农村基础设施体现顺应自然、以人为本的理念，不追求奢侈豪华，以宜居实用为主。如欧盟各成员国市政当局引导水源地沿岸、泄洪道及村庄居民点垃圾堆放点清理工作，示范开展集中化雨水排放系统、家庭化粪池和污水处理系统建设任务，并统筹集中处理乡村社区生活垃圾及各户卫生厕所粪便。大力推进乡村社区内部道路沙石化建设，树立主要交通道路尽量绕开社区居住核心区的建设理念，并以沙混、沥青或水泥沿道路铺装乡村外围行车道路，用沙混材料铺装交通安全设施与道路交通安全标志，配置标准消防栓，完善路灯照明系统等。

（4）分类制定法律法规与政策支持体系，建立长效运行管护机制。完善的政策法规支撑体系是农村人居环境宜居和持续优美的基础保障。首先，欧盟、美国、日本等发达国家都制定了完善的法律条例，形成科学的制约机制，并在实施过程中对其进行修改与完善，使其更适合本国的实际情况。其次，这些国家多渠道筹措农村人居环境建设资金，形成保障机制。最后，这些国家都建立了有效的激励和奖惩机制。得益于完善的法律体系、多渠道且稳定的资金来源、有效的激励机制，美国、日本和欧盟地区农村人居环境得到很大改善，不仅村庄环境干净整洁有序，农村居民的环境保护和健康意识也普遍增强。